采煤沉陷区水资源勘测
和水生态评价关键技术与实践

徐良骥　等著

中国矿业大学出版社

·徐州·

内 容 提 要

东部高潜水位矿区多煤层重复开采导致地表大面积沉陷积水,沉陷积水区的形成改变了地表原有的水陆分布格局,形成了大量可开发的水资源。本书围绕采煤沉陷区水资源勘测和水生态评价开展研究,以淮南矿区潘集、谢桥、顾桥、顾北、丁集、张集、朱集等矿井采煤沉陷区为主要研究区域,综合运用无人机航测、遥感监测和无人船水下地形勘测等技术手段,对不同时期沉陷区水资源量进行了勘测,并对水资源量未来变化趋势进行了预计。同时,通过现场采样调查,对沉陷区水生态环境进行了评价分析,并基于GIS平台开发了采煤沉陷区水资源和水生态信息管理系统。相关研究对高潜水位采煤沉陷区水资源开发和水生态保护具有重要的参考价值。

本书可供采矿环境工程、矿山测量、遥感和土地资源管理等方向研究人员和工程技术人员参考,也可供相关专业本科生和研究生参考使用。

图书在版编目(CIP)数据

采煤沉陷区水资源勘测和水生态评价关键技术与实践/
徐良骥等著. —徐州：中国矿业大学出版社,2023.8

ISBN 978-7-5646-5492-4

Ⅰ. ①采… Ⅱ. ①徐… Ⅲ. ①煤矿开采—采空区—水文观测—研究②煤矿开采—采空区—水环境质量评价—研究 Ⅳ. ①TD82

中国版本图书馆 CIP 数据核字(2022)第 151806 号

书　　名	采煤沉陷区水资源勘测和水生态评价关键技术与实践	
著　　者	徐良骥　张　坤　刘潇鹏　李　影　郭　辉　范廷玉	
	张　震　吴满毅　王佳奕　曹宗友	
责任编辑	潘俊成	
出版发行	中国矿业大学出版社有限责任公司	
	(江苏省徐州市解放南路　邮编 221008)	
营销热线	(0516)83885370　83884103	
出版服务	(0516)83995789　83884920	
网　　址	http://www.cumtp.com　E-mail:cumtpvip@cumtp.com	
印　　刷	苏州市古得堡数码印刷有限公司	
开　　本	787 mm×1092 mm　1/16　印张 11.5　字数 294 千字	
版次印次	2023 年 8 月第 1 版　2023 年 8 月第 1 次印刷	
定　　价	55.00 元	

(图书出现印装质量问题,本社负责调换)

前　言

煤炭在我国能源结构中居主导地位。煤炭在保障国民经济健康稳定发展的同时,也对矿区生态环境带来一定的负面影响,最突出的表现是采煤沉陷区的形成。淮南矿区是我国十四个亿吨级煤炭基地、六大煤电基地之一,矿区内煤层厚且发育稳定,地下潜水位较高,地表河网密布,加之多煤层重复采动,导致地表形成了大面积沉陷积水区。沉陷积水区的形成,在改变地表水陆分布格局的同时,也提供了大量的可开发水资源。

本书以安徽省淮南矿区潘集、谢桥、顾桥、顾北、丁集、张集、朱集等矿井采煤沉陷区为主要研究区域,采用无人机航测、遥感监测、无人船水下地形勘测等技术手段,对不同时期沉陷区水资源量进行了勘测,并对水资源量未来变化趋势进行了预计。同时,通过现场采样调查,对沉陷区水生态环境进行了评价分析,并基于 GIS 平台开发了采煤沉陷区水资源和水生态信息管理系统。相关研究对高潜水位采煤沉陷区水资源开发和水生态保护具有重要的参考价值。

本书共分 8 章。第 1 章为绪论,由徐良骥、张坤编写,主要介绍研究意义和主要研究内容。第 2 章为潘谢矿区概况与土地利用变化驱动因素分析,由李影、吴满毅、曹宗友编写,主要介绍潘谢矿区地理环境、现场勘察作业和土地利用变化。第 3 章为基于遥感技术的沉陷水域水体面积动态监测,由徐良骥、郭辉、张坤编写,主要介绍航空摄影测量和多光谱遥感等技术在采煤沉陷区水体信息提取中的具体应用。第 4 章为基于高光谱遥感的沉陷水域重金属与水质元素监测方法,由郭辉、张坤、王佳奕编写,主要介绍沉陷水域高光谱数据采集以及重金属、水质元素含量反演计算方法。第 5 章为基于无人船的沉陷水域水下地形测量及沉陷水域水资源量核算,由张坤、曹宗友编写,主要介绍无人船水下地形勘测、现场水深调查、水下 DEM 构建和水底地形三维显示。第 6 章为沉陷区水域生态现状调查评价,由张坤、范廷玉、王佳奕编写,主要介绍采煤沉陷水域生态环境现场调查方法、水生态系统结构和功能的关键特征以及生态评价指标体系。第 7 章为开采沉陷预计参数求取及水资源量预测,由刘潇鹏、曹宗友编写,主要介绍多煤层重复采动沉陷预计方法和沉陷区水资源量变化趋势预计方法。第 8 章为基于 GIS 技术的水资源监测与评价信息系统设计与开发,由张震、张坤、王佳奕编写,主要介绍采煤沉陷区水资源监测与评价信息系统的设计与开发,以及系统数据的管理和应用。全书由徐良骥统稿、定稿。

本书研究得到国家自然科学基金(编号:42071085)、安徽省重点研发计划(编号:201904b11020015)、深部煤矿采动响应与灾害防控国家重点实验室开放基金(编号:

SKLMRDPC21KF19)和淮南矿业集团科研攻关项目(编号:HNKY－JT－JS－2017－83、HNKY－PG－JS－2019－67)的资助。在研究过程中,宋承运博士、张传才博士和张国卿老师作为参与人员承担了部分研究工作。在本书编写过程中,谌芳老师协助收集参考资料和文字校对。在此,向以上单位和个人表示诚挚谢意。在本书编写过程中,参考、引用了相关学者的文献资料,在此向文献作者表达衷心感谢,如有引用失当之处,敬请谅解。

由于编者水平和时间所限,书中难免存在不足之处,敬请读者批评指正。

著　者

2022 年 12 月

目　录

第1章 绪 论

1.1 研究意义

煤炭是我国最主要的能源。煤炭资源开采在对国民经济发展发挥巨大推动作用的同时,也对矿区生态环境安全带来严重负面影响。淮南矿区是我国十四个亿吨级煤炭基地、六大煤电基地之一。矿区内煤层较厚且发育稳定,产状平缓,多煤层重复采动、煤层上覆第四系巨厚松散层等因素导致地表形成大面积采煤沉陷积水区。据有关统计资料,至 2020 年淮南沉陷区已扩展到 300 km^2 以上,可储备$(7\sim10)\times10^8$ m^3 以上的淡水资源。

近年来伴随着淮南矿区煤电产业化的加速发展,生产生活用水量也急剧增加,高耗水量使得淮南矿区水资源相对匮乏,同时引起淮河淮南段水资源取用量增加,增加了下游城市的用水压力,而大规模采煤沉陷区巨大的水资源库容量和储备能力,对于缓解淮南矿区水资源短缺问题具有重大意义。

1.2 主要研究内容

本书以淮南市潘谢矿区为研究区域,采用多种技术手段对沉陷区水域的监测及提取方法、生态调查评价、水资源量预测等内容展开研究。

(1) 基于遥感技术的沉陷水域水体面积动态监测

借助无人机航空摄影测量获取低空摄影高分辨率影像资料,结合航天远景、ArcGIS 软件,经过影像畸变矫正等步骤获得研究区域经过几何校正的正射影像,通过目视解译等提取沉陷区水域边界,进一步计算水域面积。利用沉陷区哨兵-2 卫星多光谱遥感数据,结合水体指数法、植被指数法等方法,经过数据预处理等过程获得水体面积。利用哨兵-2 卫星与陆地卫星 8 号多光谱遥感数据,结合水体 NDWI 提取方法、基于最大似然算法的监督分类方法,获得近 6 年水体变化信息。

(2) 基于高光谱遥感的沉陷水域重金属与水质元素监测方法

选用 ASD Fieldspec4 地物光谱仪对水域的采样点进行光谱数据采集,通过化学分析获取采样点的叶绿素等水质元素含量以及重金属含量实测数据,采用相关性分析方法,结合特征光谱与实测水体水质指标构建反演模型,并对比各类反演模型精度。

(3) 基于无人船的沉陷水域水下地形测量、沉陷水域水资源量核算

在不同时间段分别用无人船水深测量、实地水深调查的方法进行枯水期和丰水期沉陷水域的水下地形勘测与调查,得到水域水资源量计算的数据。通过对无人船所搭载测深仪采集的高频电磁波数据进行平滑、过滤处理及误差剔除,获取平面坐标、水深和水面高程值。经过水涯线水深值提取、水深地形 TIN 构建最终得到水下 DEM 和沉陷区水底地形三维显

示图。

（4）沉陷区水域生态现状调查评价

选取潘集矿区沉陷水域，进行生态环境质量调查，分析研究浮游动植物、底栖生物以及微生物群落组成，获得水生态系统结构和功能的关键特征，构建生态评价指标体系，评价生态环境质量并进行主要影响因素识别。

（5）开采沉陷预计参数求取及水资源量预测

收集并整理了研究区各矿井已有地表移动观测站资料，通过对实测数据进行分析，获取了沉陷区域预计参数以及角量参数。采用概率积分法对研究区沉陷区域矿井未来5年沉陷演变发展趋势、沉陷水域发展趋势、新增水资源量进行预测。

（6）基于GIS技术的水资源监测与评价信息系统设计与开发

基于ArcEngine二次开发技术与图形用户界面设计技术开发了水资源监测与评价信息系统，实现了沉陷水域分布专题信息分析、沉陷区水体水质监测等功能。

第 2 章　潘谢矿区概况与土地利用变化驱动因素分析

2.1　潘谢矿区概况及现场勘察

2.1.1　潘谢矿区概况

本书以谢桥矿、张集矿、顾北矿、顾桥矿、丁集矿等五对矿井，以及潘集矿区潘一矿（含潘一东）、潘二矿、潘三矿、朱集东矿、潘二矿（潘四东井）为研究区域，分析土地利用变化及其驱动因素，现场调查采煤沉陷水域情况、地形情况、土地利用情况等。开展了研究区无人机航空摄影测量与无人船水下地形测量工作，更新矿区地形图地形要素，勘测沉陷区水资源量，并对沉陷水域进行了水环境监测与水生态评价。图 2-1 为项目团队赴各矿沉陷水域进行现场勘查的照片。图 2-2 为研究区分布图。

（a）顾桥矿　　　　　　　　　　　　　　　（b）顾北矿

图 2-1　赴各矿沉陷水域现场勘查

（1）地形地理

研究区位于安徽省淮南市西北部，地处黄河、淮河水系形成的冲积平原南端，地形整体呈西北略高、东南略低的特点。

（2）气候气象

研究区地处亚热带季风气候区，受季风气候影响，矿区气候表现为冬夏长，春秋短，雨量充沛，具有分明的四季变化。春季多东南风及东风，秋季多东南风及东北风，平均风速为 3 m/s；年平均气温为 15.1 ℃，最高气温为 41.4 ℃，最低气温为 −21.7 ℃；年均降雨量为 910.6 mm，且多集中在 6、7、8 月份；雪期一般在每年 11 月上旬至次年 3 月中旬，最大降雪量为 16 cm；土壤最大冻结深度为 30 cm。

（3）地表水系

淮河为邻近研究区的主要河流，流经淮南市时水位标高一般在 +15.0 m 左右，历史最高洪水位标高为 +25.63 m（1954 年 7 月 29 日）。研究区内沟渠纵横，主要河流泥河由西北

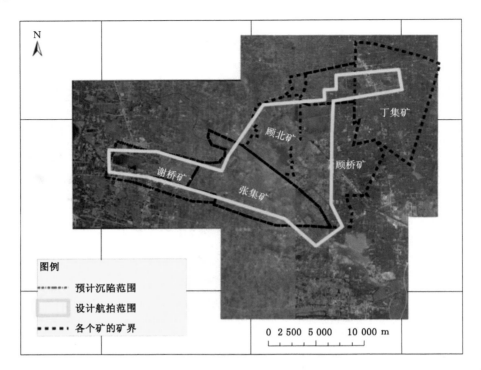

图 2-2　研究区分布图

向东南流经矿区中部,泥河自西北方向穿过丁集矿、潘三矿、潘二矿,与黑河汇流后注入尹家沟,经青年闸、尹家沟闸,下行 9 km 后入淮河。此外,矿区还分布着大量的沉陷水域。

（4）土壤与植被

根据《安徽土壤》和本次实际调查,从成土因素和成土过程分析,水稻土、潮土和砂礓土是区域内的主要土壤类型,其分布有如下特点:沿河地带,发育于黄土性沉积物之上,以潮土和黄潮土为主;在河间平原地带,成土母质与沿河地带相似,因地下水位高而形成砂礓黑土。

该区属过渡性气候区,土壤、地形、地貌都具有多样性,为众多种类的植物繁衍生息提供了适宜的生存环境。由于长期受农业生产活动的影响,土地基本已被全面开垦利用,区内多为栽培植物;农作物品种主要有小麦、水稻、大豆、油菜、山芋、棉花等;林木主要分布在村落周围及道路两侧;天然植被主要是零星分布的杂草及刺芽条等。

2.1.2　现场勘察

对研究区范围内采煤沉陷地进行了野外现场勘察,开展 GNSS 控制网的布设与观测、无人机低空航空摄影测量等工作。现场调查与勘查如图 2-3 所示。

2.1.3　确定无人机低空摄影作业范围

基于研究区各矿井井上下对照图、工作面布置及回采计划等情况,在图件上大致确定研究区沉陷积水区的位置。通过现场勘查,确定研究区各矿井范围内沉陷积水区的位置、分布与范围,并在图件上进行标记。沉陷水域主要分布在潘一矿中部及西部,潘一东矿工广(即工业广场)西部,潘二矿中部及西部,潘二矿(含潘四东井)工广西部及东部,朱集东矿工广西部、东部以及东南部,潘三矿西部、中部及东部。在已有图件与遥感影像分析、现场勘查以及

（a）与矿方交流（朱集东矿）

（b）与矿方交流［潘二矿（含潘四东井）］

（c）与矿方交流（潘二矿）

（d）与矿方交流（朱集东矿）

（e）现场踏勘（潘二矿）（一）

（f）现场踏勘（潘二矿）（二）

图 2-3 现场调查与勘查

(g) 现场踏勘（潘三矿）（一）

(h) 现场踏勘（潘三矿）（二）

(i) 现场踏勘[潘二矿（含潘四东井）]（一）

(j) 现场踏勘[潘二矿（含潘四东井）]（二）

(k) 现场踏勘（朱集东矿）（一）

(1) 现场踏勘（朱集东矿）（二）

图 2-3 （续）

矿方地形图更新需求等基础上,确定此次无人机低空摄影测量的作业范围,其面积为 137.66 km²,研究区航测范围如图 2-4 所示。

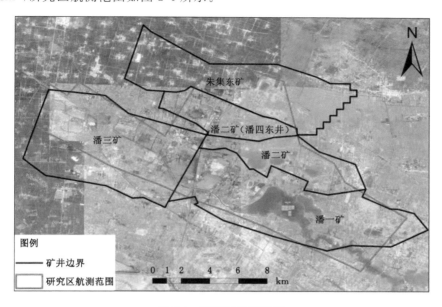

图 2-4　研究区航测范围

2.2　潘谢矿区土地利用信息提取与变化预测

2.2.1　数据来源与土地利用信息提取

（1）数据来源

采用的数据包括 1990 年、1994 年、1998 年(1998 年同月份数据质量较差)、2002 年、2006 年、2010 年、2014 年、2018 年和 2021 年(2022 年同月份影像数据质量差)共计 9 期研究区所在区域遥感影像(Landsat 系列遥感影像数据详见表 2-1),研究区域在影像的位置(上空无云),淮南矿区边界矢量文件,Ⅰ、Ⅶ、Ⅷ、Ⅸ 和 Ⅹ 矿井 1:10 000 无人机正射影像图,淮南市统计年鉴电子版(2009—2021 年),淮南市统计年鉴纸质版(1990—2008 年,统计局现场查阅),寿县统计年鉴(2016—2021 年)和其他统计数据,淮南矿区实地调查数据和文献资料等。其中,将坐标系均统一为 WGS84 坐标系。

表 2-1　遥感影像数据一览表

时　　间	卫　　星	数据类型	空间分辨率	数据来源
1990 年 4 月	Landsat-5	TM	30 m * 30 m	USGS
1994 年 3 月	Landsat-5	TM	30 m * 30 m	USGS
1998 年 2 月	Landsat-5	TM	30 m * 30 m	USGS
2002 年 4 月	Landsat-7	ETM＋	30 m * 30 m	USGS

表 2-1（续）

时　　间	卫　　星	数据类型	空间分辨率	数据来源
2006 年 4 月	Landsat-5	TM	30 m * 30 m	USGS
2010 年 3 月	Landsat-5	TM	30 m * 30 m	USGS
2014 年 3 月	Landsat-8	OLI	30 m * 30 m	USGS
2018 年 4 月	Landsat-8	OLI	30 m * 30 m	USGS
2021 年 4 月	Landsat-8	OLI	30 m * 30 m	USGS

（2）遥感影像预处理

对遥感影像而言,受太阳光、大气或者卫星本身姿态等的影响,影像数据获取时易产生误差,因此在提取土地利用类型数据之前还需对影像进行预处理,遥感影像的预处理主要包括几何校正、辐射定标、大气校正和裁剪。

（3）土地利用信息提取

随着科学技术的发展,利用遥感数据提取土地利用信息的方法有很多种,常见的有监督分类、非监督分类、决策树分类等。SVM 是一种能够解决线性或非线性分类的分类器,经过多年的研究,其算法逐渐趋于成熟。本书采用 SVM 监督分类方法对遥感影像进行土地利用信息分类提取。

按照《土地利用现状分类》(GB/T 21010—2017),结合研究区域实地调查、无人机正射影像和遥感影像等实际情况,将研究区域土地利用类型分为 5 个类型:水域、农业用地(包括旱地)、建设用地(工矿地、道路和居民地)、林草地(树林、灌木和草地)和其他用地(裸地)。本次研究采用 SVM 监督分类的方法对 9 期遥感影像进行土地利用类型分类,选好训练样本后,建立 SVM 监督分类模型。

由于研究区域混合像元较多,给影像解译带来了不确定性,所以还需进行全域范围内人工目视检查和纠正,再根据"三调"成果进行纠正,最终得到 9 期研究区土地利用分类图,如图 2-5 所示。精度分析借助 ENVI 软件的 Kappa 系数进行评价。得出 1990 年、1994 年、1998 年、2002 年、2006 年、2010 年、2014 年、2018 年和 2021 年的 Kappa 系数分别为 83.95%、85.01%、86.69%、87.84%、84.24%、86.40%、85.31%、85.61% 和 84.57%。其精度均满足大于 70% 的要求,解译精度满足后续分析。

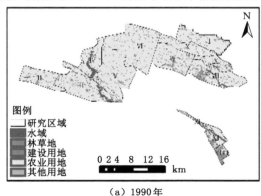
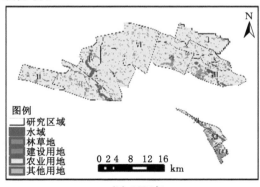

（a）1990 年 　　　　　　　　　　　（b）1994 年

图 2-5　研究区域土地利用分类图

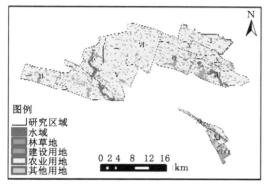

（c）1998年

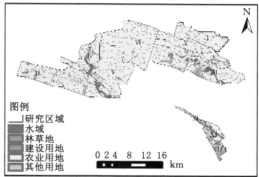

（d）2002年

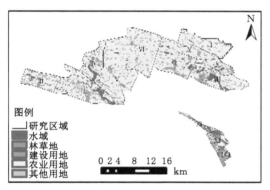

（e）2006年

（f）2010年

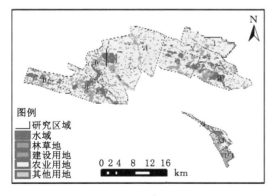

（g）2014年

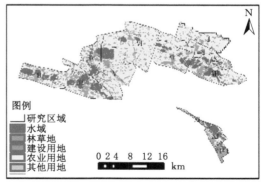

（h）2018年

图 2-5　（续）

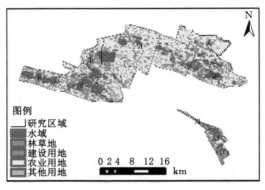

（i）2021年

图 2-5 （续）

（4）信息整理

为方便后期分析与处理,将得到的 9 期影像分类结果进行整理,统计计算得到每一期的土地利用类型面积,其结果如表 2-2 所示。

表 2-2 遥感影像研究区土地利用类型面积统计　　　　　　　　　　单位:hm²

土地利用类型	水域	林草地	建设用地	农业用地	其他用地	合计
1990 年	2 040.84	11.25	5 402.70	49 029.39	0.18	56 484.36
1994 年	2 332.17	7.74	6 045.93	48 098.25	0.27	56 484.36
1998 年	2 898.90	5.58	6 735.96	46 843.56	0.36	56 484.36
2002 年	3 210.30	10.44	7 276.05	45 987.30	0.27	56 484.36
2006 年	3 877.20	18.36	8 213.49	44 375.04	0.27	56 484.36
2010 年	5 451.39	42.03	9 527.58	41 463.18	0.18	56 484.36
2014 年	6 487.47	116.19	10 184.40	39 695.76	0.54	56 484.36
2018 年	8 655.48	181.89	10 258.29	37 388.52	0.18	56 484.36
2021 年	10 720.62	234.72	15 049.44	30 478.14	1.44	56 484.36

2.2.2 潘谢矿区土地利用变化特征分析

一般土地利用类型变化过程有 3 种:时间变化过程、空间变化过程和质量变化过程。因此,土地利用变化特征分析应当从土地利用面积变化、土地利用结构变化、土地利用时空演变等方面考虑。

（1）土地利用面积变化特征分析

主要以土地利用面积数量变化（ΔS）和单项动态度（P）表示土地利用变化特征,计算结果如表 2-3 所示。

表 2-3　1990—2021 年土地利用类型面积数量变化和单项动态度

土地利用类型		水域	林草地	建设用地	农业用地	其他用地
1990—1994 年	$\Delta S/hm^2$	291.33	−3.51	643.32	−931.14	0.09
	$P/\%$	3.57	−7.80	2.98	−0.47	0
1994—1998 年	$\Delta S/hm^2$	566.73	−2.16	689.94	−1 254.69	0.09
	$P/\%$	6.08	−6.98	2.85	−0.65	16.67
1998—2002 年	$\Delta S/hm^2$	311.40	4.86	540.09	−856.26	−0.09
	$P/\%$	2.69	21.77	2.00	−0.46	−6.25
2002—2006 年	$\Delta S/hm^2$	666.90	7.92	937.44	−1 612.26	0
	$P/\%$	5.19	18.97	3.22	−0.88	0
2006—2010 年	$\Delta S/hm^2$	1 574.19	23.67	1 314.09	−2 911.86	−0.09
	$P/\%$	10.15	32.23	4.00	−1.64	−8.33
2010—2014 年	$\Delta S/hm^2$	1 036.08	74.16	656.82	−1 767.42	0.36
	$P/\%$	4.75	44.11	1.72	−1.07	50.00
2014—2018 年	$\Delta S/hm^2$	2 168.01	65.70	73.89	−2 307.24	−0.36
	$P/\%$	8.35	14.14	0.18	−1.45	−16.67
2018—2021 年	$\Delta S/hm^2$	2 065.14	52.83	4 791.15	−6 910.38	1.26
	$P/\%$	5.96	7.26	11.68	−4.62	175.00
1990—2021 年	$\Delta S/hm^2$	8 679.78	223.47	9 646.74	−18 551.25	1.26
	$P/\%$	13.72	64.08	5.76	−1.22	22.56

　　由表 2-2、表 2-3 和图 2-6 可知,在 1990 年到 2021 年间,水域和建设用地面积逐期增加;农业用地逐期减少;林草地在 1990 年到 1998 年间逐期减少,在 1998 年到 2021 年间逐期增加,但整体是增加的,一共增加了 223.47 hm²;其他用地在 1990 年到 2021 年间面积变化较小,一共增加了 1.26 hm²。

　　从单项动态度看,农业用地一直处于负向变化,动态度大小有逐期增大的趋势,最大的一期是 2018 年到 2021 年,为 −4.62%;水域和建设用地一直处于正向变化,而动态度大小变化没有规律,其中水域单项动态度最大的一期是 2006 年到 2010 年的 10.15%,建设用地单项动态度最大的是 2018 年到 2021 年的 11.68%;林草地单项动态度呈现先负向变化后

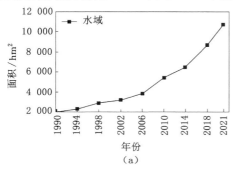

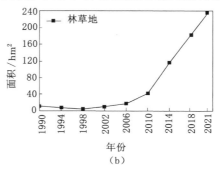

图 2-6　1990—2021 年土地利用类型面积变化图

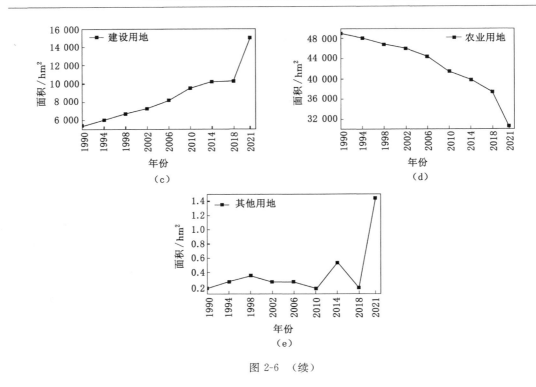

图 2-6 （续）

正向变化,且正向变化的单项动态度大小呈现先变大后变小的趋势;其他用地单项动态度变化无规律,但它在 2018 到 2021 年间达到最大,为 175.00%。

从总体上看,农业用地面积变化量最大,其单项动态度始终为负向,但是从 1990 年到 2021 年间,其最终单项动态度只有 −1.22%;其次是建设用地和水域,虽然面积总体变化量大小没有农业用地的大,但是其单项动态度均大于农业用地的,分别为 5.76% 和 13.72%;然后是林草地,其面积变化量相较于前三种土地利用类型的很小,但是其单项动态度是前三者的几倍甚至几十倍,为 64.08%。而面积变化最小的其他用地,其单项动态度也达到了 22.56%。

（2）研究区土地利用类型结构变化特征分析

土地利用类型结构变化特征主要通过土地利用类型在研究期间占总土地面积的百分比（A）和占比变化率（H）表现,计算结果如表 2-4 所示。

表 2-4　土地利用类型占比和占比变化率　　　　　　　　　　单位:%

土地利用类型		水域	林草地	建设用地	农业用地	其他用地
1990 年	A	3.613 1	0.019 9	9.564 9	86.801 7	0.000 3
1994 年	A	4.128 9	0.013 7	10.703 7	85.153 2	0.000 5
	H	0.515 8	−0.006 2	1.138 8	−1.648 5	0.000 2
1998 年	A	5.132 2	0.009 9	11.925 4	82.931 3	0.000 6
	H	1.003 3	−0.003 8	1.221 5	−2.221 3	0.000 3

表 2-4(续)

土地利用类型		水域	林草地	建设用地	农业用地	其他用地
2002 年	A	5.683 5	0.018 5	12.881 5	81.416 0	0.000 5
	H	0.551 3	0.008 6	0.956 2	−1.515 9	−0.000 2
2006 年	A	6.864 2	0.035 2	14.541 2	78.561 6	0.000 5
	H	1.180 7	0.001 4	1.659 6	−2.854 3	0
2010 年	A	9.651 1	0.074 4	16.867 6	73.406 5	0.000 3
	H	2.786 9	0.041 9	2.326 5	−5.155 2	−0.000 2
2014 年	A	11.485 4	0.205 7	18.030 5	70.277 4	0.001 0
	H	1.834 3	0.131 3	1.162 8	−3.129 0	0.000 6
2018 年	A	15.323 7	0.322 0	18.161 3	66.192 7	0.000 3
	H	3.838 2	0.116 3	0.130 8	−4.084 7	−0.000 6
2021 年	A	18.979 8	0.415 5	26.643 6	53.958 5	0.002 5
	H	3.656 1	0.093 5	8.482 3	−12.234 1	0.002 2

首先,由表 2-4 可知,在 1990 年到 2021 年期间,农业用地面积占比虽然保持每期下降的趋势,但是仍然还是占比最大的土地利用类型;其次是建设用地和水域,在五种土地利用类型中面积占比保持每期上升的趋势,建设用地和水域面积占比在 2021 年达到最大,分别为 26.643 6% 和 18.979 8%;林草地面积占比在 1990 至 2021 年间虽然整体保持上升的趋势,但是相较于整个研究区域,所占比例仍然很小,林草地面积所占比例达到最大时也只有 0.415 5%,而其他用地面积占比变化无规律,且比例较小。

其次,水域面积占比变化率达到最大的是 2014 年到 2018 年,为 3.838 2%,林草地面积占比变化率达到最大的是 2010 年到 2014 年,为 0.131 3%,而建设用地、农业用地和其他用地面积占比变化率达到最大时均为 2018 年到 2021 年,分别为 8.482 3%、−12.234 1% 和 0.002 2%。

最后,在 1990 年到 2021 年期间,五种土地利用类型面积占比变化率大小整体趋势是增加的,变化最大的仍然是农业用地,其次是建设用地、水域、林草地,最小的是其他用地。

(3)土地利用程度分析

可通过计算土地利用程度综合指数(E)、土地利用程度变化量(ΔE_{d-c})和土地利用程度变化率(W)来进行土地利用程度分析,其结果如表 2-5 所示。

表 2-5　1990—2021 年土地利用程度变化

年份	1990	1994	1998	2002	2006	2010	2014	2018	2021
E	305.93	306.56	306.78	307.18	307.64	307.14	306.34	302.51	307.24
ΔE_{d-c}	0.63	0.22	0.40	0.46	−0.50	−0.80	−3.82	4.73	
$W/\%$	0.21	0.07	0.13	0.15	−0.16	−0.26	−1.25	1.56	

由表 2-5 可知,在 1990 年到 2021 年间,整个研究区域土地利用程度综合指数 E 均在 300~400 的范围内,属于合理开发利用阶段;在 1990 年到 2006 年间,土地利用程度变化量

略大于零,2006 年到 2018 年土地利用程度变化量小于零,而在 2018 到 2021 年间,其变化量又大于零,说明研究区域土地利用先缓慢发展,然后又处于缓慢衰退期,最后又进入明显发展的时期。

综合分析可知,研究区域土地利用发展较为缓慢,尽管在 2018 年到 2021 年速率达到最大,但仅有 1.56%。

（4）研究区土地利用时空演变特征分析

土地利用类型时空演变表现为研究初期土地利用类型如何向研究末期土地利用类型转换的过程,能够更直观地了解土地利用类型在时间和空间上的转换规律。分别将 9 期影像分类结果进行叠加、相交计算得到 1990—1994 年、1994—1998 年、……、2018—2021 年土地利用类型相互转换的数量关系矩阵,其结果见表 2-6。

表 2-6 研究区 1990—2021 年土地利用转换矩阵

土地利用类型			水域	林草地	建设用地	农业用地	其他用地
			1994 年				
1990 年	水域	转移量/hm²	1665.99	1.35	45.81	327.69	0
	林草地	转移量/hm²	4.95	1.98	1.26	3.06	0
	建设用地	转移量/hm²	73.89	0.99	3 744.63	1 583.10	0.09
	农业用地	转移量/hm²	587.34	3.42	2 254.23	46 184.31	0.09
	其他用地	转移量/hm²	0	0	0	0.09	0.09
			1998 年				
1994 年	水域	转移量/hm²	1934.1	2.61	77.31	318.06	0.09
	林草地	转移量/hm²	3.51	1.44	1.35	1.44	0
	建设用地	转移量/hm²	101.16	0.27	4 387.41	1 557.00	0.18
	农业用地	转移量/hm²	860.13	1.26	2 269.71	44 967.06	0.09
	其他用地	转移量/hm²	0	0	0.18	0	0
			2002 年				
1998 年	水域	转移量/hm²	2 775.69	4.23	14.31	104.40	0.27
	林草地	转移量/hm²	0	5.13	0.27	0.18	0
	建设用地	转移量/hm²	39.69	0.27	6 696.00	0	0
	农业用地	转移量/hm²	394.74	0.81	565.29	45 882.72	0
	其他用地	转移量/hm²	0.18	0	0.18	0	0
			2006 年				
2002 年	水域	转移量/hm²	2 473.56	4.86	93.69	637.92	0.27
	林草地	转移量/hm²	8.10	0.63	0.45	1.26	0
	建设用地	转移量/hm²	183.69	1.89	5 499.36	1 591.11	0
	农业用地	转移量/hm²	1 211.58	10.98	2 619.99	42 144.75	0

表 2-6（续）

土地利用类型			水域	林草地	建设用地	农业用地	其他用地
			2010 年				
2006 年	水域	转移量/hm²	3 445.29	0.54	82.89	348.39	0.09
	林草地	转移量/hm²	5.40	10.98	0.18	1.80	0
	建设用地	转移量/hm²	110.52	2.61	8 023.59	76.77	0
	农业用地	转移量/hm²	1 889.91	27.90	1 420.92	41 036.22	0.09
	其他用地	转移量/hm²	0.27	0	0	0	0
			2014 年				
2010 年	水域	转移量/hm²	4 758.66	0.81	91.80	600.03	0.09
	林草地	转移量/hm²	0.36	49.49	0.09	0.09	0
	建设用地	转移量/hm²	168.21	10.98	9 293.94	54.27	0.18
	农业用地	转移量/hm²	1 560.24	62.91	798.48	39 041.28	0.27
	其他用地	转移量/hm²	0	0	0.09	0.09	0
			2018 年				
2014	水域	转移量/hm²	5 801.94	10.35	137.07	538.02	0.09
	林草地	转移量/hm²	1.98	9.63	21.33	83.25	0
	建设用地	转移量/hm²	212.94	53.19	9 918.18	0	0.09
	农业用地	转移量/hm²	2 638.17	108.72	181.62	36 767.25	0
	其他用地	转移量/hm²	0.45	0	0.09	0	0
	水域	转移量/hm²	5 801.94	10.35	137.07	538.02	0.09
			2021 年				
2018	水域	转移量/hm²	7 935.12	9.18	286.83	423.72	0.63
	林草地	转移量/hm²	7.74	166.59	5.94	1.62	0
	建设用地	转移量/hm²	419.67	11.61	9 825.21	1.80	0
	农业用地	转移量/hm²	2 357.91	47.34	4 931.46	30 051.00	0.81
	其他用地	转移量/hm²	0.18	0	0	0	0

　　由表 2-6 可知，在 1990 年到 1994 年间，面积变化最大的是农业用地转为建设用地；其次是建设用地转为农业用地；然后是农业用地转为水域，最后是水域转换为农业用地。这个时间段主要是农业用地和建设用地之间的转换，其次是农业用地与水域之间的转换，其余土地利用类型转换不明显。

　　在 1994 年到 1998 年间，土地利用类型变化和前一阶段相似，面积变化最大的仍然是农业用地与建设用地之间的转换，其次是农业用地与水域之间的转换，其余土地利用类型变化不明显。

　　在 1998 年到 2002 年间，各土地利用类型转换相较于前两个时间段平稳，但其面积变化最大的仍是农业用地转为建设用地，其次是农业用地与水域之间的相互转换。

　　在 2002 至 2006 年间，其转出面积最大的是农业用地，其中 1 211.58 hm² 转换为了水域，2 619.99 hm² 转为了建设用地，其次是建设用地，其中 183.69 hm² 转为了水域，

1 591 hm² 转为了农业用地,然后是 637.92 hm² 的水域面积转为了农业用地。该时期相较于前一时期变化更大,主要集中在农业用地和建设用地转换。

在 2006 年到 2010 年间,农业用地转出的面积最大,分别转换 1 889.91 hm² 的水域和 1 420.92 hm² 的建设用地,其次是 348.39 hm² 的水域转换为农业用地。

从 2010 年到 2014 年,转出量最大的仍然是农业用地,但是比上一时期转出量少,其中 1 560.24 hm² 转为水域,798.48 hm² 转为建设用地,而水域有 600.03 hm² 的面积转为农业用地,其余土地类型转换不明显。

在 2014 年到 2018 年间,主要是农业用地和水域之间的相互转换,其中 2 638.17 hm² 农业用地转换为了水域,只有 538.02 hm² 水域转为了农业用地,农业用地面积总体上看是减少的。这个时期其余土地利用类型变化较小。从 2018 年到 2021 年,是整个阶段变化最大的一个时期,这个时期农业用地大量减少,其中 2 357.91 hm² 转为了水域,4 931.46 hm² 转为了建设用地;而水域有 286.83 hm² 转为了建设用地,423.72 hm² 转为了农业用地;建设用地有 419.67 hm² 转为了水域。

为了更直观地从整体上分析土地利用类型时空变化,将上述信息绘制成土地利用转移桑基图,具体如图 2-7 所示。由图 2-7 可知,在 1990 到 1994 年期间,土地利用类型变化不是很明显,只存在一部分农业用地和建设用地之间的转换。在 1998 年到 2021 年间,土地利用类型发生明显变化,但主要集中在农业用地、建设用地和水域。其中,农业用地主要转换为建设用地和水域;建设用地相对转出较少,集中在 2002 年到 2006 年,且主要转化为农业用地;水域主要转换为农业用地,相较于前两者转出量很少。由图 2-7 还可以得知,农业用地的转出量远大于转入量,导致农业用地面积逐期减少;而建设用地、水域和林草地转入量大于转出量,三种土地利用类型面积整体上是增加的,尤其是 2018 到 2021 年,增加最为明显;而其他用地几乎没有变化。

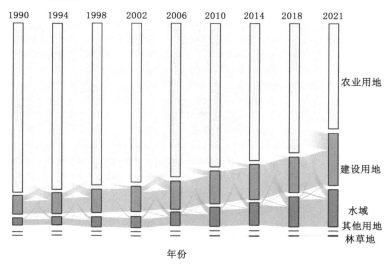

图 2-7　1990—2021 年土地利用类型转移桑基图

（5）研究区土地破坏类型特征分析

采矿活动造成的土地损害类型主要有地表沉降和煤矸石等固体废弃物堆积。矿区地表沉降是矿体和矿层开采过程中形成地下空洞引起的地表沉降,其对土地的影响主要包括:破坏农业用地的平整度和完整性,减少可用土地使用面积;矿区的村庄、河流、水坝和其他地表结构遭到破坏,扰乱了该地区的生态环境;同时因地区发展而修建的道路、居民地等也破坏了农业用地。以 2014 年和 2021 年矿区遥感影像为例进行分析,具体如图 2-8 所示。

图 2-8　土地类型破坏前后对比

由图 2-8 可以看出,在 2014 年原本为农业用地或建筑用地的区域,因为煤炭开采而导致地表沉陷,破坏了原本的土地利用类型,形成了如 2021 年所示沉陷水域。在 2014 年原本为农业用地的地方,到 2021 年修建了道路。

（6）研究区土地利用区域特征分析

该研究区域共有 13 个矿井,为更进一步分析研究区域的土地利用类型变化特征,还需对每个矿井的土地利用类型进行分析。由于水域、建设用地和农业用地面积在整个研究区域占比极大,变化较为明显,因此分区域研究时只讨论这三种土地利用类型。如图 2-9 所示,统计了 13 个区域每期水域、建设用地和农业用地的面积。由图 2-9 可知,13 个矿区在 1990 年到 2021 年期间,水域和建设用地面积保持增加的趋势,而农业用地面积保持下降的趋势。从整体上看,Ⅳ 号和 Ⅴ 号矿井土地利用类型的面积每期都处于较大变化状态,其余矿井的只在 2018 年到 2021 年间出现大幅度变化。

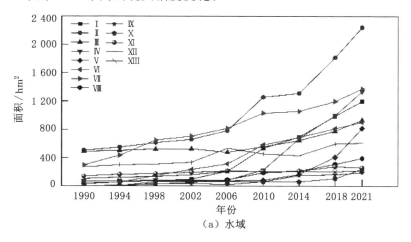

（a）水域

图 2-9　主要土地利用类型面积大小区域变化

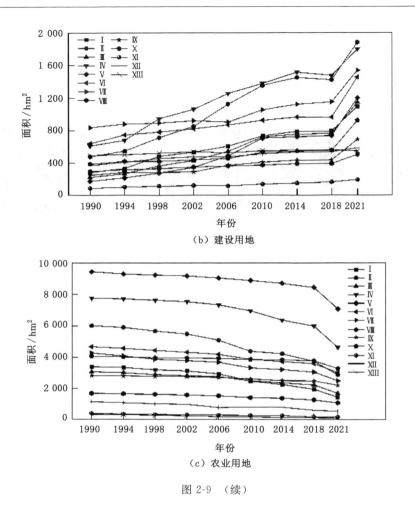

（b）建设用地

（c）农业用地

图 2-9 （续）

2.3 潘谢矿区土地利用变化驱动因素分析

土地利用变化驱动因素分析不仅能反映土地利用与人类活动的密切关系，还能深入挖掘土地利用与自然环境、人口数量、经济发展等多方面因素的关系。结合前文分析结果，本研究主要采用定性定量分析法对淮南采煤沉陷区土地利用变化驱动因素进行分析，其数据主要来自淮南市 1990 年到 2021 年的统计年鉴和政府统计报告，由于淮南矿区大部分区域位于淮南市，且统计年鉴统计的数据难以精确到每个矿井，因此本书统计数据以淮南市的统计数据代替整个矿区数据，其中 2018 年到 2021 年的统计数据去除了寿县的统计数据。

2.3.1 定量分析方法

驱动因素定量分析可以更深一步理解研究区土地利用变化原因，一般采用 PCA 算法进行驱动因素的定量分析。PCA 算法可以通过正交变换将一组线性相关的变量转化为线性不相关的变量，并将它们重新组合成一个复杂的指标，而不是原来的指标。其计算模型如下：

对于给定的 n 个样本，每个样本都拥有 p 个变量，可将其表达为空间向量的形式：

$$\boldsymbol{X} = \begin{bmatrix} x_{11} & x_{12} & \cdots & x_{1p} \\ x_{21} & x_{22} & \cdots & x_{2p} \\ \vdots & \vdots & & \vdots \\ x_{n1} & x_{n2} & \cdots & x_{np} \end{bmatrix}, n > p \tag{2-1}$$

将式(2-1)标准化，则有：

$$\boldsymbol{Y} = \begin{bmatrix} y_{11} & y_{12} & \cdots & y_{1j} \\ y_{21} & y_{22} & \cdots & y_{2j} \\ \vdots & \vdots & & \vdots \\ y_{i1} & y_{i2} & \cdots & y_{ij} \end{bmatrix}, 1 \leqslant i \leqslant n, 1 \leqslant j \leqslant p \tag{2-2}$$

式(2-2)中，i，j 为正整数，其中对于 y_{ij} 有：

$$y_{ij} = \frac{x_{ij} - \sum_{i=1}^{n} x_{ij}}{\sqrt{\dfrac{\sum_{i=1}^{n} \left(x_{ij} - \sum_{i=1}^{n} x_{ij} \right)^2}{n-1}}} \tag{2-3}$$

求式(2-2)相关系数矩阵 $\boldsymbol{R}$，有：

$$\boldsymbol{R}_{ij} = \frac{\boldsymbol{Z}^{\mathrm{T}} \boldsymbol{Z}}{n-1} \tag{2-4}$$

求解式(2-4)矩阵，有：

$$|\boldsymbol{R} - \lambda \boldsymbol{E}_b| = 0 \tag{2-5}$$

即可求得 b 个特征根 λ_1、λ_2、$\cdots$、λ_b，将相应的特征向量设为 J_1、J_2、$\cdots$、J_b。根据特征向量可得主成分模型，有：

$$\boldsymbol{F}_{i \times j} = \boldsymbol{Z}_i \times \boldsymbol{J}_j^{\mathrm{T}} \tag{2-6}$$

最后根据主成分贡献度，确定主成分个数。

2.3.2　研究区土地利用变化驱动因素定性分析

（1）水域变化驱动因素分析

在 1990 年到 2021 年间，研究区内水域面积不断增加，总面积由 2 040.84 hm² 增加到 10 720.62 hm²，共增加了 8 679.78 hm²，增幅约为 425.30%。根据研究区域实际情况可知，造成水域面积增大的主要因素是工矿活动。由于淮南位于华东平原，地下水位较浅，煤炭开采地表沉降后可能低于此水位，使地下水向地表流动，形成积水区。在 1990 年，主要有Ⅷ、Ⅸ、Ⅺ、Ⅻ和Ⅷ矿共计 5 个矿进行生产活动，其中Ⅸ矿于 1989 年 12 月投产，在图 2-10(a)中观察到该区域没有明显的沉陷水域，而在Ⅷ、Ⅺ、Ⅻ和Ⅷ四个矿内有明显的沉陷水域；到 1994 年新增Ⅶ矿进行生产活动时，各区域均能明显观察到新增的沉陷水域；1997 年 5 月，Ⅱ矿建成投产，在图 2-10(c)中除了上述几个矿有明显沉陷水域面积增加外，Ⅱ矿内也有少量增加；2001 年 11 月，Ⅲ矿建成投产，由于该时间离 2002 年 4 月的影像较近，因此在图 2-10(d)中无法观察出该区域有明显的沉陷水域，但是由该期影像能够看出Ⅶ、Ⅷ、Ⅸ三个矿的沉陷水域面积有所增加，其中Ⅷ矿增加明显，说明其工矿活动活跃，其他区域增加不明显；到 2006 年，由图 2-10(e)可知，因工矿活动剧烈，上述矿内沉陷水域面积明显增加，其中Ⅱ和ⅩⅢ矿沉陷水域面积增加最多;2007年,Ⅳ矿、Ⅴ矿和Ⅵ矿相继建成投产,2008年3月,Ⅹ矿建成投产,工矿活动进一步活跃,由图2-10(f)可知,Ⅱ、Ⅲ、Ⅶ和Ⅷ矿四个矿因剧烈的开采活动而导致沉陷水域面积增加明显,其余矿增加缓慢;到2011年,Ⅰ矿开始进行生产活动,由图2-10(g)可以看出,Ⅳ、Ⅴ和Ⅶ矿沉陷水域大面积增加,其余矿也均有所增加;在2014年到2018年间,为了响应国家供给侧结构性改革,化解过剩产能,Ⅺ、Ⅻ和ⅩⅢ矿退出了历史舞台,2018年9月,Ⅷ矿关闭,由图2-10(h)可知,虽然在2018年之前关停三个矿井,但

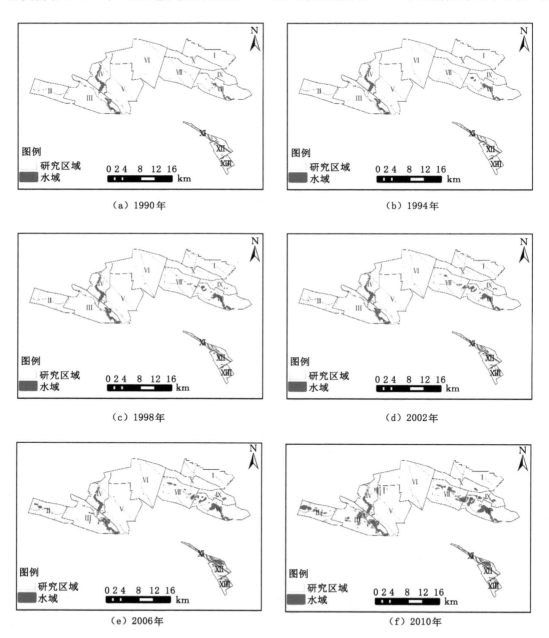

图2-10　1990年到2021年研究区域水域变化图

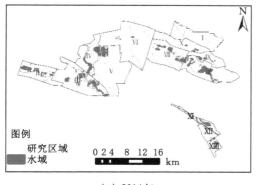

（g）2014 年

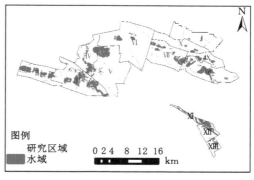

（h）2018 年

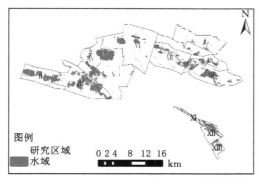

（i）2021 年

图 2-10　（续）

是其采矿活动剧烈程度并没有受到太大影响,在 2014 年到 2018 年间,其水域面积增加了 2 168.01 hm²,其中大部分是煤炭开采导致的地面塌陷形成的积水区域。2018 年后,Ⅷ 矿关停,由图 2-10(i)可知,Ⅷ 矿区水域面积增加不明显且趋于稳定,还在开采的矿区沉陷水域面积不断增加。

由图 2-11 可知,在 1990 年到 1998 年研究区域原煤产量缓慢上升,由 1 079 万 t 增加到 1 990 万 t,研究区域内沉陷水域面积也明显增加;之后经过制度创新改革,以高标准建设现代化煤矿群,高定位技改既有生产矿井,机械化水平不断提高,从 1998 年到 2010 年期间,研究区域内原煤产量快速增加,增加到 8 110 万 t,研究区域多处出现大面积沉陷积水;后在努力构建安全稳定经济清洁的现代能源产业体系目标的指引下,关闭小型煤矿,淘汰落后产能,到 2014 年原煤产量有所下降,但是沉陷水域面积仍在快速增大。2015 年 11 月,中央财经领导小组提出了推进供给侧结构性改革的重要举措,旨在落实十八届五中全会精神。为了响应国家政策,化解过剩产能,研究区域内陆续关闭Ⅻ 矿、Ⅺ 矿、Ⅻ 矿和Ⅷ 矿。到 2021 年,原煤产量减少到 5 816 万 t,而研究区域沉陷水域面积仍在缓慢增加。这说明采煤活动对水域面积的增加有很大影响。

研究区位于中纬度地区,属温带季风气候。由图 2-12 可知,在 1990 年到 2021 年内,研

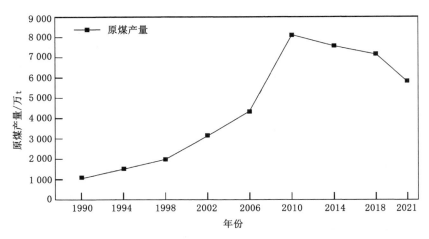

图 2-11   1990 年到 2021 年原煤产量

究区域年均气温均在 16.1 ℃ 到 17.2 ℃ 之间,总体温度适中;除 1994 年全年降雨量相对较少,1998 年因降雨量增多而导致洪灾外,其余年份年均降雨量均在 1 000 mm 到 1 400 mm之间,雨量充足;全年平均日照时间几乎都在 1 900 h 以上,光照充足。这些气候条件对研究区水域面积变化也有着一定的影响。

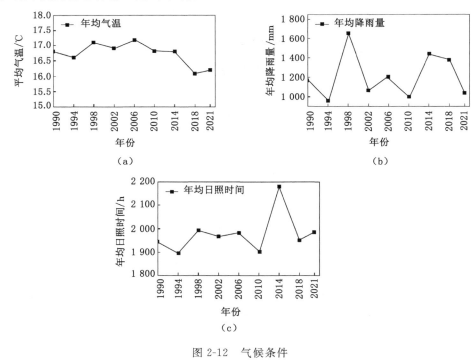

图 2-12   气候条件

(2) 林草地变化驱动因素分析

研究区林草地资源非常有限,主要分布在建筑物附近和道路两边。根据前文分析,林草地在 1990 年到 1998 年逐期减少,由 11.25 hm² 减少到 5.58 hm²,在 1998 到 2021 年逐期增加,由 5.58 hm² 增加到 234.72 hm²。1984 年 3 月,《中共中央国务院关于深入扎实地开展绿化祖国运动的指示》要求在宜林地区,处理好农业和林业的矛盾,有计划地退耕还林。但是,全国粮食比较紧缺,退耕还林还草的设想难以大规模实施,我国生态环境恶化的趋势并未得到根本遏制,各种自然灾害频繁发生。直到 1998 年 10 月,《中共中央关于农业和农村工作若干重大问题的决定》提出,对过度开垦、围垦的土地,要有计划有步骤地还林、还草、还湖。党的十八大报告也强调了生态文明建设在治国理政中的重要性,并将其纳入中国特色社会主义事业"五位一体"总体布局之中。同时,报告还首次提出了"美丽中国"这一宏伟目标,将其视为生态文明建设的重要组成部分。而淮南是典型的矿产资源型城市,"皖电东送"的主战场,由图 2-13 可知,在 1990 年到 2021 年间,随着社会经济的快速发展,淮南市的发电量也在快速增加,由 91.1 亿 kW・h 增加到 714.3 亿 kW・h,增幅为 684.08%。尽管在照亮上海、浙江等城市夜空方面取得了成绩,但大量开采煤炭导致环境污染严重。因此,实施"绿色矿山"建设已成为势在必行的任务,并且已经取得了一定的成效,表现为林草覆盖面积有快速增长的趋势。

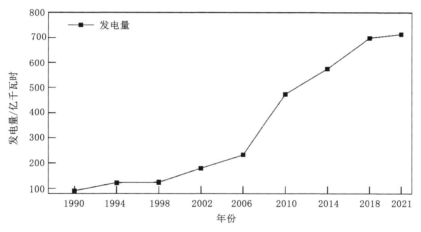

图 2-13　1990 年到 2021 年发电量

（3）建设用地变化驱动因素分析

研究区建设用地面积由 1990 年的 5 402.70 hm² 增加到 2021 年的 15 049.44 hm²,增幅约为 178.55%。其面积的增加主要来自耕地面积的转换。随着人口的增加,人们需要扩大生产和生活用地规模,这会引发一系列问题。城市化进程的加快导致非农业人口增加,对住房、商业、能源、服务等公共设施的需求随之增加,这自然会加大对建设用地的需求。如图 2-14 所示,研究区域内总人口数由 1990 年的 179.3 万增加到 250.5 万,增加了 71.2 万,增幅约为 39.71%。随着人口的增加,人们需要的居住地越来越多。而研究区非农人口数由 1990 年的 75.9 万增加到 2021 年的 125.2 万,共增加了 49.3 万。其中非农人口数占总人口的比重也由 1990 年的 42.33% 增加到 2021 年的 49.98%。由此可见,越来越多的人进入城镇,导致部分农业用地荒废或者变成建设用地,加速了城市化进程。因此,人口因素是建设用地面积增加的驱动因素之一。

从社会经济方面看,由图 2-15 可知,地区生产总值在不断增加,由 1990 年的 30.7 亿元

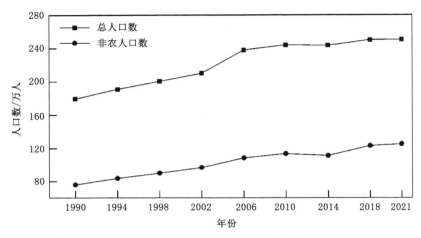

图 2-14　1990 年到 2021 年人口数变化

增加到 2021 年的 1 213.3 亿元,增幅为 3 852.12%,尤其是 2006 年后,增加趋势加快。其中第二产业占主要地位,第三产业增值增加速度逐期加快,在 2021 年超过第二产业增值。第一产业虽然也在增长,其增加速度较为缓慢,由 1990 年的 5.7 亿元增加到 2021 年的 91.8 亿元。固定资产投入由 1990 年的 12.9 亿元增加到 2021 年的 1 045.27 亿元,增加了 1 032.37 亿元,平均每年增加约 33.30 亿元,增速很快。随着产业的发展和社会投资,生产规模不断提高。淮南市是安徽省的重要工业城市之一,在政府推进产业升级和结构调整的大背景下,淮南市为企业孵化器的发展和二、三产业的发展创造条件,吸引了越来越多的农村劳动力和外来劳动力进入第二产业和第三产业,从而增加了工业用地和城乡居民点用地。同时,为促进产业结构升级,水利、能源、环保、交通运输业的同步发展是必不可少的,这些基础设施的建设需要大量的用地,因此建设用地面积也在加速增加。

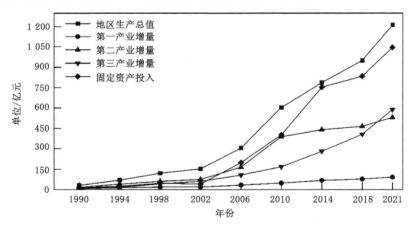

图 2-15　1990 年到 2021 年地区生产总值、三大产业产值和资产投资变化

从煤炭开采活动看,如图 2-16 所示,随着采煤活动的加剧,各矿区的工矿建筑物面积逐渐增多且都是围绕工业广场向外扩散的。煤炭的开采势必会毁坏当地居民的房屋,政府会根据毁坏程度给予一定的补偿或者分配房屋等,为了满足老百姓的需求,需要新建房屋,还

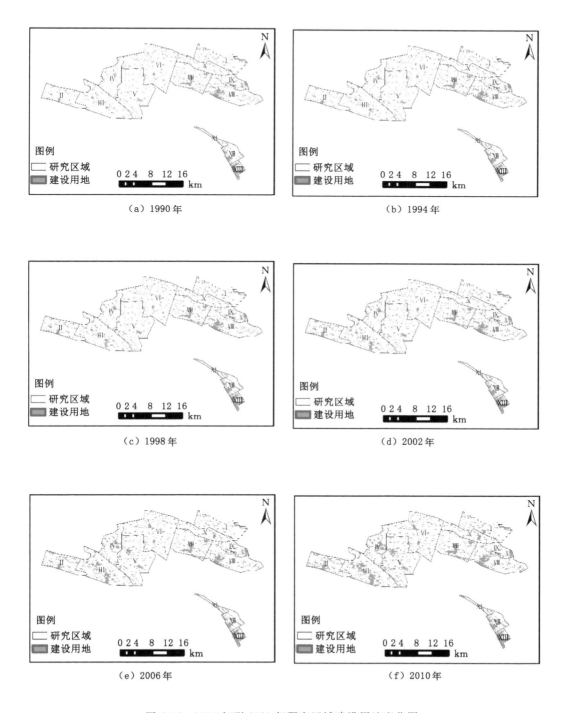

图 2-16 1990 年到 2021 年研究区域建设用地变化图

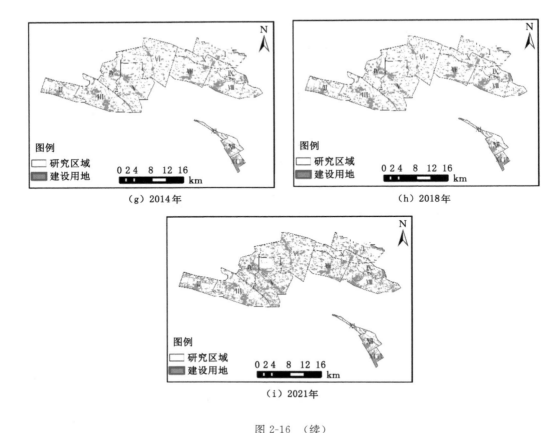

（g）2014年　　　　　　　　　　　（h）2018年

（i）2021年

图 2-16　（续）

需要有一定的基础生活设施,建设用地逐渐增加。由图 2-16 还可以看出,在 1990 年到 2021 年间,建筑面积增加较为聚集,这表明人口聚集程度不断提高。这说明工矿活动虽然破坏了部分居民的房屋,但是它也促进了当地居民有了更好的人文居住环境。

在政策方面,相关政府部门制定了预期的城市发展规划。淮南市相关机构和部门根据实际情况提出优化城乡用地结构和空间布局,加强土地利用空间整合,合理组织建设用地,抓住国家建设机遇,为确立淮南市发展定位创造良好的条件。

（4）农业用地变化驱动因素分析

在 1990 年到 2021 年间,研究区域耕地面积不断减少,总面积由 49 029.39 hm² 减少到 2021 年的 30 478.14 hm²,共减少了 18 551.25 hm²,减幅约为 37.84%。从人口变化上看,该研究区域人口数量在 1990 年到 2021 年增加了 71.2 万,人口增加,可能需要毁坏耕地给人们提供居住环境。这表明,研究区域内农业用地面积变化与人口变化有一定的关系。另外,由图 2-17 可知,三大产业从业人员中第一产业刚开始占主导地位,人数最多,之后占比一直降低,由 1990 年的 42.94% 降低到 2021 年的 12.16%,从业人数也由 41.12 万下降到 17.32 万;第二产业从业人员占比保持在 35% 左右,但是从业人员不断增加;第三产业从业人员占比从 1990 年到 2021 年一直保持增长的趋势,由 20.33% 增加到 50.69%,其从业人员也由 19.51 万人增加到 70.32 万人,增幅最大。越来越多的人选择进入城市从事第二或者第三产业,这会导致部分耕地荒废或者改种。

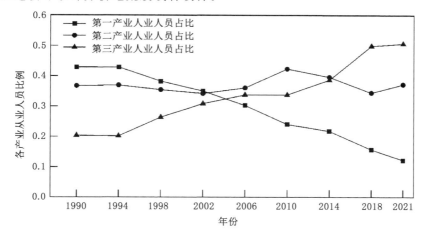

图 2-17　1990 年到 2021 年各产业从业人员比率

从社会生产力来看,如图 2-18 所示,粮食产量在 1990 年到 2010 年间不断快速增加,在 2010 年后缓慢增加,由 1990 年的 51.1 万 t 增加到 2021 年的 140.6 万 t,但是农业用地面积在不断减少,在这种情况下为了提高粮食产量,就要从提高生产力着手。如图 2-19 所示,1990 年农业机械总动力为 47.1 万 kW 到 2021 年的 207.5 万 kW,在此期间快速增加,增加了 160.4 万 kW,增幅高达 340.55%。在技术水平和生产力不断提升的情况下,不仅提高了耕地集约利用程度,同时随着粮食产量的提高,也为当地农民带来了一定的经济收入,如图 2-20 所示,农民可支配收入由 1990 年的 550 元到 2021 年的 16 706 元,其间高速增长。并且也解放了农村剩余劳动力,缓解了农地萎缩带来的生活压力。同时我们从土地利用类型分类图可看出,农业用地大区域大面积连在一起,这为推广机械农业提供便利条件,同时农业生产力得到很大的提高。

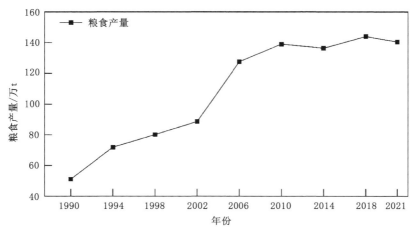

图 2-18　1990 年到 2021 年粮食产量变化图

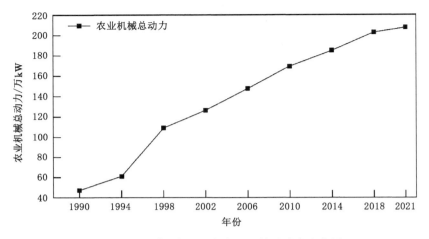

图 2-19　1990 年到 2021 年农业机械总动力变化图

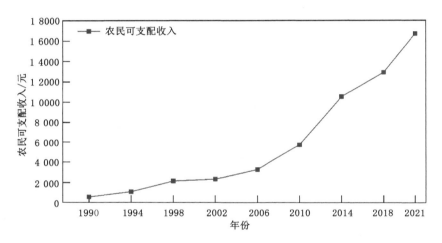

图 2-20　1990 年到 2021 年农民可支配收入变化图

从政策因素上看,随着国家对粮食安全的重视,出台了多项耕地保护措施,如高标准划定主力农用地,遏制了耕地资源的过度占用,将农用地减少率控制在较低水平。2005 年国家出台《农村土地承包经营权流转管理办法》,它带给农民更多的好处,让更多的农民可以从事其他工作并增加收入。同时,淮南市展开了土地整理,从多个角度维护农业用地,使其总量相对稳定,缓解社会经济发展对农业用地造成的压力,兼顾地方经济发展与耕地保护,保证粮食生产稳定。

从煤炭开采活动看,如图 2-21 所示,随着煤炭开采活动程度的加大,地表发生沉降,形成许多裂缝和相对的坡洼,土壤中的养分有很多随着裂缝和地表径流进入采空区或洼地,导致许多地方的土壤养分缺乏,严重影响了作物生长。其次,采煤可能会对地表水和地下水水质产生影响,采煤过程中产生的矿井废水 pH 值超标,且属于酸性水。硬度过高、含盐量高,有毒化学成分含量增加,危害矿区水域土壤,严重影响农业生产用水。因此,部分农业用地不再适合耕种,农业用地面积逐渐减少。

（5）其他用地变化驱动因素分析

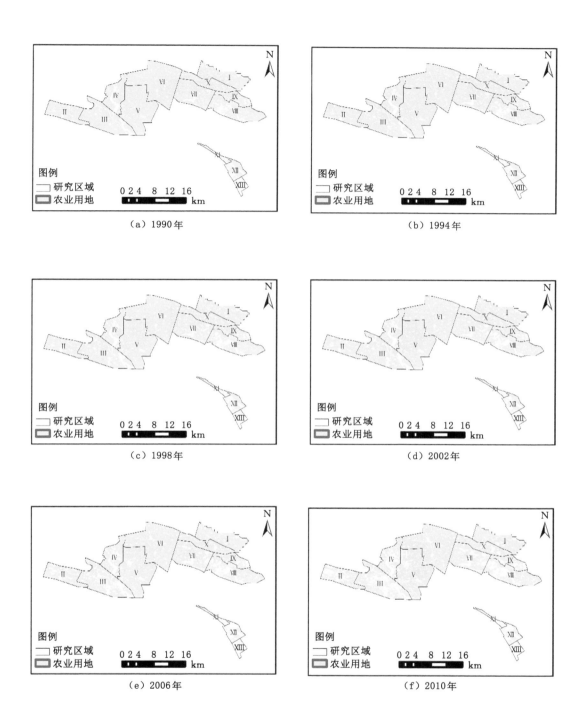

图 2-21 1990 年到 2021 年研究区域农业用地变化图

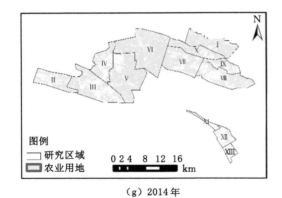

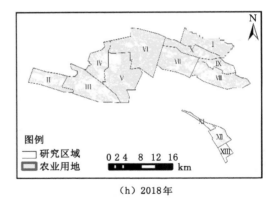

（g）2014年 　　　　　　　　　　　　（h）2018年

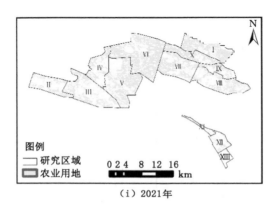

（i）2021年

图 2-21　（续）

　　由前文分析可知,研究区域的其他用地面积相对较少,且无一定的变化规律。但从采煤活动上看,煤炭开采导致部分房屋倒塌,形成荒地,这些荒地又会很快变为农业用地或者水域,部分农业用地因煤炭开采而导致土壤肥力减弱或者污染严重,土地不再适合农作物的生长,渐渐变得贫瘠。煤炭开采还会导致煤矸石等固体废弃物的堆积,占用部分土地,使该部分土地使用效率低下。从人口上看,研究区域非农业人口逐年增加,大量农民进入城市从业或生活,导致农村的房屋或者农业用地长时间无人使用逐渐变成荒地。从政策上看,随着土地流转政策的逐步实施,闲置土地得到了整合利用、数量减少,被有计划地开发利用,从而大大提高了土地利用率。

2.3.3　研究区土地利用变化驱动因素定量分析

　　（1）驱动因子选择

　　根据以上分析,驱动因子的选取一般有以下原则:数据一般来自研究区的历史统计和实地调研;选取的因子能够用数据表示出来;选取的驱动因子要与研究区土地利用变化有关。

　　结合以上原则,根据矿区土地利用变化实际情况,选取了以下驱动因子:X1 人口数量（万）,X2 非农人口数量（万）,X3 地区生产总值（亿元）,X4 农民可支配收入（元）,X5 粮食产量（万 t）,X6 第一产业增值（亿元）,X7 第二产业增值（亿元）,X8 第三产业产值（亿元）,X9 固定资产投入（亿元）,X10 农业机械总动力（万 kW）,X11 原煤产量（万 t）,X12 发电量

(亿 kW·h),X13 年平均气温(℃),X14 年平均日照时间(h),X15 年平均降雨量(mm),具体数据见表 2-7。

表 2-7　1990 年到 2021 年驱动因子数据

年份	X1	X2	X3	X4	X5	X6	X7	X8
1990	179.3	75.9	30.7	550	51.1	5.7	17	8
1994	190.9	83.7	68.3	1 093	71.8	12.5	39.2	16.6
1998	200.4	90.1	120.3	2 150	80.1	17.8	60.3	42.2
2002	210.2	96.8	152.1	2 312	88.6	18.7	74	59.4
2006	237.9	108.5	305	3 252	127.6	32.9	165.7	106.3
2010	243.9	113.6	604.2	5 746	139.1	47.6	388.8	167.8
2014	243.3	111.1	789.3	10 547	136.4	67.1	440.7	281.5
2018	250.1	123.1	949.4	12 926	144.1	76.8	465.3	407.4
2021	250.5	125.2	1 213.3	16 706	140.6	91.8	531.8	589.6
年份	X9	X10	X11	X12	X13	X14	X15	
1990	12.9	47.1	1 079	91.12	16.8	1 946.50	1 179.0	
1994	24.4	61.1	1 524	121.96	16.6	1 896.50	956.5	
1998	46.1	109	1 990	123.7	17.1	1 993.12	1 657.6	
2002	40.3	126.4	3 148	178.5	16.9	1 968.82	1 068.9	
2006	197.8	147.6	4 329	231.9	17.2	1 981.96	1 202.8	
2010	401.8	169.6	8110	474.0	16.8	1 903.26	1 000.8	
2014	755.3	184.9	7 568	573.0	16.8	2 181.43	1 439.6	
2018	835.4	202.6	7 159	699.1	16.1	1 952.19	1 383.5	
2021	1 045.3	207.5	5 816.2	714.3	16.2	1 986.47	1 044.2	

(2) PCA 综合模型

可采用 SPSS 软件进行主成分分析。由于各个因子的单位不同,首先对其进行标准化处理,详见表 2-8。在 SPSS 软件中定义相关变量属性,准备工作做好后,采用软件分析程序进行分析。最后得到分析结果方差等精度统计量、特征根及相应的贡献率等,并将相关数据绘制成图表。

表 2-8　标准化后的驱动因子数据

年份	X1	X2	X3	X4	X5	X6	X7	X8
1990	−1.570 77	−1.565 59	−1.012 76	−0.957 51	−1.614 91	−1.141 21	−1.072 62	−0.886 05
1994	−1.153 28	−1.116 82	−0.926 13	−0.864 54	−1.035 78	−0.922 68	−0.967 04	−0.843 37
1998	−0.811 38	−0.748 6	−0.806 33	−0.683 57	−0.803 57	−0.752 36	−0.866 69	−0.716 32
2002	−0.458 67	−0.363 11	−0.733 07	−0.655 83	−0.565 76	−0.723 44	−0.801 53	−0.630 95
2006	0.538 25	0.310 05	−0.380 81	−0.494 89	0.525 35	−0.267 09	−0.365 41	−0.398 19
2010	0.754 19	0.603 48	0.308 51	−0.067 88	0.847 09	0.205 32	0.695 63	−0.092 97

表 2-8(续)

年份	X1	X2	X3	X4	X5	X6	X7	X8
2014	0.732 6	0.459 64	0.734 96	0.754 13	0.771 55	0.831 99	0.942 46	0.471 31
2018	0.977 33	1.150 06	1.103 81	1.161 45	0.986 98	1.143 71	1.059 46	1.096 15
2021	0.991 73	1.270 89	1.711 81	1.808 64	0.889 06	1.625 77	1.375 73	2.000 39

年份	X9	X10	X11	X12	X13	X14	X15
1990	−0.889 76	−1.578 72	−1.258 7	−1.027 82	0.210 18	−0.097 1	−0.152 6
1994	−0.861 37	−1.339 6	−1.096 1	−0.908 33	−0.330 28	−0.573 3	−1.102
1998	−0.807 79	−0.521 49	−0.925 9	−0.901 59	1.020 86	0.346 92	1.889 54
2002	−0.822 11	−0.224 31	−0.502 9	−0.689 27	0.480 4	0.115 48	−0.622 4
2006	−0.433 22	0.137 77	−0.071 5	−0.482 37	1.291 08	0.240 63	−0.051 1
2010	0.070 49	0.513 52	1.309 58	0.455 65	0.210 18	−0.508 9	−0.913
2014	0.943 33	0.774 84	1.111 6	0.839 23	0.210 18	2.140 37	0.959 35
2018	1.141 11	1.077 15	0.962 2	1.327 8	−1.681 41	−0.042 9	0.719 97
2021	1.659 31	1.160 84	0.471 71	1.386 69	−1.411 18	−1.621 2	−0.727 8

由图 2-22 可看出各驱动因子之间的相关系数及其显著性。例如,因子 X8 第三产业产值与 X9 固定资产投入、X10 农业机械总动力和 X12 发电量之间相关系数均大于 0.90,说明它们两两之间相关性显著。公因子方差是原变量被公因子解释的比例,它是分量矩阵每一行中每个载荷值的平方和。在表 2-9 中,初始列显示了因子提取前各变量公因子的方差,默认值为 1.000;而提取列表示在提取后,如果选择提取所有主成分,则该列也会有 1,通常大于 0.3 即可。解释总方差表,表示所有特征根、贡献率及其占相应特征根总值的百分比等。由表 2-10 可知,第一个特征根 11.438 > 1,为特征根总和的 76.255%;第二个特征根 1.932 > 1,为特征根之和的 12.880%。这两个因子的综合贡献度为 89.135%,其贡献率达

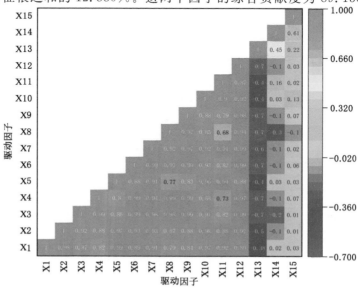

图 2-22　相关系数矩阵热图

到了 85％以上,可以解释 15 个变量因子的信息,不需添加主成分。特征根与成分数之间的关系可以更直观地表达在碎石图中,如图 2-23 所示。随着公因子个数的增加,特征值趋于平坦,其中 1 号和 2 号因子对应的特征值变化最为明显,即对原始变量信息的解释能力比较充分。成分矩阵用于表示主成分与原变量之间的相关系数,由表 2-11 可知,第一主成分与变量因子 X1～X12 的相关系数均大于 0.5,而与 X13～X14 呈负相关,与 X15 的相关系数很小,这表明第一主成分能够充分解释人口、经济因素和粮食产量等对研究区土地利用变化的影响。相反,第二主成分与 X1～X12 的相关系数很小,有些呈负相关,而与 X13～X15 的相关系数均大于 0.5,这说明第二主成分能够充分解释气候因素对研究区土地利用变化的影响。

表 2-9　公因子方差

驱动因子	初始	提取
X1 人口数量	1.000	0.903
X2 非农人口数量	1.000	0.928
X3 地区生产总值	1.000	0.983
X4 农民可支配收入	1.000	0.937
X5 粮食产量	1.000	0.893
X6 第一产业增值	1.000	0.985
X7 第二产业增值	1.000	0.975
X8 第三产业产值	1.000	0.932
X9 固定资产投入	1.000	0.947
X10 农业机械总动力	1.000	0.947
X11 原煤产量	1.000	0.835
X12 发电量	1.000	0.980
X13 年平均气温	1.000	0.732
X14 年平均日照时间	1.000	0.824
X15 年平均降雨量	1.000	0.570

表 2-10　解释总方差表

成分	初始特征值			提取载荷平方和		
	特征根	贡献率/％	累计/％	特征根	贡献率/％	累计/％
1	11.438	76.255	76.255	11.436	76.256	76.256
2	1.932	12.880	89.135	1.932	12.880	89.135
3	0.956	6.372	95.507			
4	0.393	2.623	98.130			
5	0.162	1.081	99.211			
6	0.088	0.589	99.800			
7	0.028	0.185	99.985			

表 2-10（续）

成分	初始特征值			提取载荷平方和		
	特征根	贡献率/%	累计/%	特征根	贡献率/%	累计/%
8	0.002	0.015	100.000			
9	5.948E−16	3.965E−15	100.000			
10	3.107E−16	2.071E−15	100.000			
11	6.771E−17	4.514E−16	100.000			
12	2.757E−17	1.838E−16	100.000			
13	−5.615E−17	−3.743E−16	100.000			
14	−1.041E−16	−6.941E−16	100.000			
15	−5.011E−16	−3.340E−15	100.000			

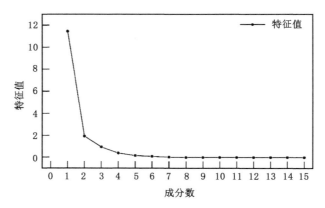

图 2-23 碎石图

表 2-11 成分矩阵

驱动因子	成分数	
	1	2
X1 人口数量	0.932	0.188
X2 非农人口数量	0.961	0.064
X3 地区生产总值	0.989	−0.078
X4 农民可支配收入	0.964	−0.094
X5 粮食产量	0.932	0.200
X6 第一产业增值	0.992	−0.016
X7 第二产业增值	0.987	0.025
X8 第三产业产值	0.946	−0.192
X9 固定资产投入	0.972	−0.042
X10 农业机械总动力	0.953	0.196
X11 原煤产量	0.876	0.258

表 2-11(续)

驱动因子	成分数	
	1	2
X12 发电量	0.990	-0.022
X13 年平均气温	-0.649	0.556
X14 年平均日照时间	-0.097	0.902
X15 年平均降雨量	0.025	0.754

根据以上分析,首先计算第一主成分中每个变量因子所对应的表达式系数,有:

$$F_1 = \omega_1 X1 + \omega_2 X2 + \cdots + \omega_{15} X15 \tag{2-7}$$

其中,ω_i 由第一成分系数和第一特征根开根号计算所得,则有:

$$\begin{aligned} F_1 = &\ 0.2756X1 + 0.2842X2 + 0.2924X3 + 0.2850X4 + 0.2729X5 + \\ &\ 0.2933X6 + 0.2918X7 + 0.2797X8 + 0.2874X9 + 0.2818X10 + \\ &\ 0.2590X11 + 0.2927X12 - 0.1919X13 - 0.0287X14 + 0.0074X15 \end{aligned} \tag{2-8}$$

同理,第二成分表达式为:

$$\begin{aligned} F_2 = &\ 0.1353X1 + 0.0460X2 - 0.0561X3 - 0.0676X4 + 0.1439X5 - \\ &\ 0.0115X6 + 0.0180X7 - 0.1381X8 - 0.0302X9 + 0.1410X10 + \\ &\ 0.1856X11 - 0.0158X12 + 0.4000X13 + 0.6489X14 + 0.5425X15 \end{aligned} \tag{2-9}$$

又有总表达式为:

$$F = \frac{\lambda_1}{\lambda_1 + \lambda_2} F_1 + \frac{\lambda_2}{\lambda_1 + \lambda_2} F_2 \tag{2-10}$$

其中,λ_1、λ_2 分别表示第一、二主成分所对应的特征值占所提取主成分总特征值的比例,则研究区驱动因子主成分综合模型为:

$$\begin{aligned} F = &\ 0.2276X1 + 0.2226X2 + 0.2158X3 + 0.2086X4 + 0.2266X5 + \\ &\ 0.2222X6 + 0.2249X7 + 0.1955X8 + 0.2153X9 + 0.2330X10 + \\ &\ 0.2214X11 + 0.2212X12 - 0.0948X13 + 0.0617X14 + 0.0755X15 \end{aligned} \tag{2-11}$$

将表 2-10 的数据代入式(2-11),计算研究土地利用变化驱动力综合主成分值,结果如图 2-24 所示。

由图 2-24 可以看出,从 1990 年到 2006 年,驱动力综合值为负,但是逐渐上升。自 2010 年起,驱动力综合值变为正值,并且不断上升。这说明各种因素对研究区土地利用的综合影响呈现逐渐增强的趋势。

总结上述结果可知,第一主成分主要集中在人口数量,地区生产总值,农民可支配收入,第一、二、三产业增量,原煤产量和发电量等方面,这反映了研究区的煤炭开采活动、经济发展和人口变化等对研究区土地利用变化的驱动作用。首先,本研究区为淮南矿区,煤炭开采是研究区土地利用变化的主要驱动力之一,尤其是靠近矿井的区域或工作面附近,最主要原因是采煤造成的地面塌陷、固体废弃物堆积以及缺乏有效的土地复垦规划。这些因素导致该区域土地利用类型的不断变化和重复利用率的降低,其主要反映为水域(形成的塌陷积水区)面积的增加、建设用地面积的扩大(工业广场的建设以及安置房)以及农业用地面积被大量侵占。其次,区域经济的发展也是该研究区域土地利用类型变化的一个重要驱动力,区域

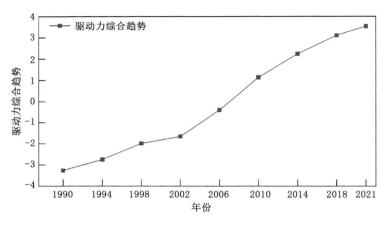

图 2-24　1990 年到 2021 年驱动力综合趋势

生产总值的增加,农民可支配收入持续增加,到 2021 年已经达到 16 706 元,第一、二、三产业从业人数占从业总人数的比例不断调整,区域固定资产投资的增加,农业机械总动力的不断增加,必然会导致研究区人民对于工业用地、道路等基础设施用地的需求不断增加,这样会使得研究区大量耕地转换为建设用地。最后,人口的增长和非农人口的增加,促使研究区对住房、学校等配套基础设施建设用地的需求量增大,进而使得研究区建设用地面积增加。第二主成分主要反映的是研究区自然因素方面,这说明研究区的特有的气候条件、地形以及地貌都是制约研究区土地利用类型变化的重要因素。

2.4　本章小结

本章介绍了研究区地质环境概况,对研究区土地利用变化进行了定性定量分析。研究表明:水域变化的主要驱动因素是研究区频繁的采煤活动,同时气候条件也在一定程度上影响着水域变化;林草地变化的主要驱动因素是国家环境保护的政策、采煤活动等;建设用地随着研究区人口增加、非农人口增加、地方总产值增长、采煤活动加剧以及相关政策出台,其面积也随之增长;农业用地变化的主要驱动力为人口增长、三个产业从业人数占比、粮食产量的增长、农业机械总动力的增长、农民可支配收入的快速增加、采煤活动加剧以及惠农政策出台;其他用地变化的主要驱动力是煤炭开采、非农人口的增加、土地流转政策的实施。

第 3 章　基于遥感技术的沉陷水域水体面积动态监测

通过采集研究区域航空摄影影像,利用航天远景公司的航空摄影测量 HATV1.0 软件与 ArcGIS 软件,运用目视解译等方法,准确提取研究区内受沉陷扰动的沉陷水域面积。利用卫星遥感数据获取研究区近 6 年的高分辨率遥感卫星影像数据,采用 ENVI 等软件,结合基于水体指数(NDWI)的水体提取算法与基于最大似然算法的监督分类算法提取研究区水体面积,从而研究出近 6 年研究区沉陷水域水体变化规律。

结合地面实地勘查,在对比基于航空摄影测量与基于卫星遥感提取水体面积的基础上,从数据获取方式、解译参数、提取算法等方面分析两者在沉陷区水体提取中的差异。

3.1　基于航空摄影测量的沉陷水域水体面积勘测

3.1.1　数字正射影像生成

通过无人机航空摄影测量获取低空摄影的高分辨率影像资料之后,使用航天远景软件,先后经过影像畸变矫正、云光处理、空三加密,最终可生成研究区的正射影像(图 3-1)。

图 3-1　研究区正射影像的生成

3.1.2　正射影像在 ArcGIS 中的校正

由于航天远景软件生成的正射影像无法在 ArcGIS 中正确获得其真实地理坐标,为了使用 ArcGIS 提取沉陷水域面积和进行地图制作,须在 ArcGIS 中对正射影像进行几何校正。

3.1.3　水域面积的提取

基于获得的矿区 8 个架次影像对应的正射影像图,通过目视解译采用 ArcGIS 提取研究区沉陷水域边界,就可计算出研究区内的沉陷水域面积。

    图 3-2 显示了研究区受沉陷扰动的水域分布情况,通过由航拍获得的正射影像与实地考察结果的对比发现,尽管有的水域表面存在浮游生物(图 3-3),但仍可以清晰确定水域的分布范围。对基于空三加密后生成的正射影像数据在 ArcGIS 下可创建新图层,进而采集水域边界特征点数据,再由此计算出沉陷水域的面积(图 3-4)。

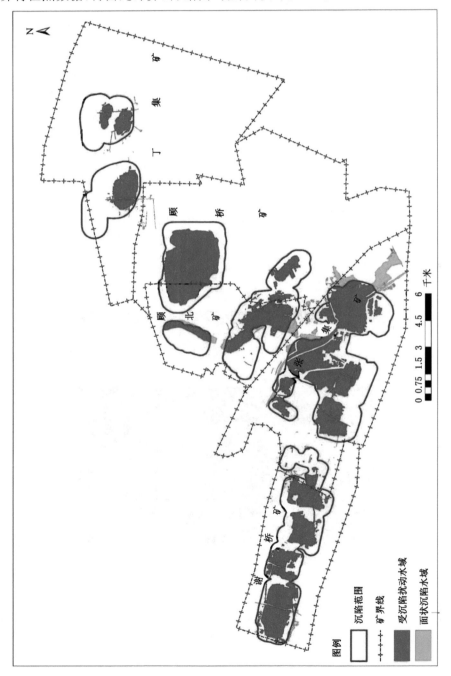

图 3-2　研究区受沉陷扰动的水域分布情况

通过统计计算,至航拍时间段,研究区内受沉陷扰动的水域面积约为 48.97 km²,研究区内总的水域面积为 53.61 km²。

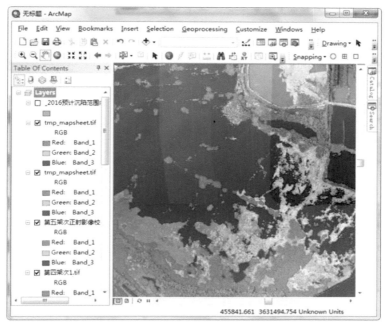

图 3-3　水面有浮游生物的水域分布情况

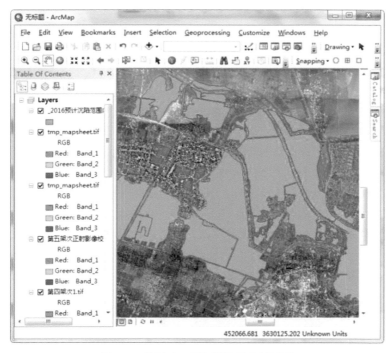

图 3-4　使用 ArcGIS 提取的水域要素

3.2 基于多光谱遥感影像的沉陷水域提取

3.2.1 水体光谱特性

地物因本身的物理与化学等特性差异而对电磁波的发射、吸收及反射的能力不同,在不同的电磁波段可表现出不同的波谱特性。图 3-5 显示,在几种典型地物的光谱反射率曲线中,遥感常使用的可见光、近红外波段中,清水在蓝-绿光波段的反射率为 4%～5%。0.5 μm 以下的红光部分反射率降到 2%～3%,浑水的反射率虽然有所变化,反射率值增大,但与植被、干土、湿土相比,反射率仍然很低,并且在可见光至近红外波段,随着波长的增加,浑水反射率降低。而植被、土壤在可见光波段的反射率较低,而在近红外波段的反射率较高,随着波长的增大,两者的反射率都增大。这种变化特征与水体的变化特征形成对比。

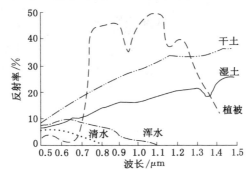

图 3-5　几种地物反射率曲线图

遥感影像水体监测以水体光谱特征为基础,可利用水体与其他地物在不同波段的反射率差异进行监测。常用的监测方法有单波段或多波段阈值法、植被指数(NDVI)法、水体指数法等。对部分方法简述如下。

植被指数(NDVI)法是目前广泛应用的一种水体判识方法,其物理意义明确,并可以消除部分辐射误差;但由于植被指数 NDVI 在植被的生长周期内会有一定变化(例如,当地面植被越来越茂密时,NDVI 会出现饱和现象),尤其对高植被区的灵敏度较低,无法实现同步增长,并且这种方法难以识别水陆交界处的水体。

水体指数法利用水体与遥感光谱值之间的映射关系来构建水体指数,从而实现水体信息的提取。由于水体在绿波段高于近红外波段反射率,并且在两个波段间存在较大差异,常常利用这两个波段来构建水体指数(如常用的归一化差异水体指数 NDWI)。水体指数法通过分析水体在多个波段中的反射特征和变化情况,构建了多种水体指数来提取图像中水体像元,能够更加真实准确地反映出水体与其他地物的差异,是目前极受关注的水体识别方法之一。

3.2.2 遥感数据源选取

1. 高分一号多光谱遥感数据

高分一号(GF-1)卫星是我国高分辨率对地观测卫星系统重大专项(简称"高分专项")的第一颗卫星。高分专项于 2010 年 5 月全面启动。GF-1 卫星于 2013 年 4 月 26 日发射,其主要目的是引领高空间分辨率、多光谱与高时间分辨率结合的光学遥感技术,多荷载图像拼接融合技术,高精度高稳定度姿态控制技术。其搭载了两台 2 m 分辨率全色/8 m 分辨率多光谱相机,四台 16 m 分辨率多光谱相机。GF-1 卫星搭载传感器技术参数如表 3-1 所示。

表 3-1　GF-1 卫星搭载传感器技术参数

荷载	谱段号	谱段范围/μm	空间分辨率/m	幅宽/m	侧摆能力	重访时间/d
全色多光谱相机	1	0.45～0.90	2	60 (2 台相机组合)	±35°	4
	2	0.45～0.52	8			
	3	0.52～0.59				
	4	0.63～0.69				
	5	0.77～0.89				
多光谱相机	6	0.45～0.52	16	800 (4 台相机组合)	±35°	2
	7	0.52～0.59				
	8	0.63～0.69				
	9	0.77～0.89				

　　GF-1 卫星的多光谱遥感数据的空间分辨率为 8 m,可以满足研究区水体范围变化监测中所需的多光谱与高空间分辨率的要求。

　　2. 哨兵-2 卫星多光谱遥感数据

　　哨兵-2A 卫星是"全球环境与安全监测"计划的第二颗卫星,于 2015 年 6 月 23 日发射。2017 年 3 月 7 日,由 Vega 运载火箭从法属圭亚那库鲁发射场发射升空,其搭载哨兵-2B 卫星。

　　哨兵-2 卫星携带一台多光谱成像仪,可覆盖 13 个光谱波段,幅宽达 290 km。空间分辨率为 10 m、重访周期为 10 d,其多光谱成像仪参数如表 3-2 所示。从可见光和近红外到短波红外,具有不同的空间分辨率,在光学数据中哨兵-2A 卫星数据是唯一一个在红边范围含有三个波段的数据,这对监测植被健康信息非常有效。

表 3-2　哨兵-2 卫星所搭载多光谱成像仪的参数

波　　段	哨兵-2A 卫星		哨兵-2B 卫星		
	中心波段/nm	波段宽度/nm	中心波段/nm	波段宽度/nm	空间分辨率/m
波段 1-Coastal aerosol	443.9	27	442.3	45	60
波段 2-Blue	496.6	98	492.1	98	10
波段 3-Green	560.0	45	559	46	10
波段 4-Red	664.5	38	665	39	10
波段 5-Vegetation red edge	703.9	19	703.8	20	20
波段 6-Vegetation red edge	740.2	18	739.1	18	20
波段 7-Vegetation red edge	782.5	28	779.7	28	20
波段 8-NIR	835.1	145	833	133	10
波段 8A-Narrow NIR	864.8	33	864	32	20

表 3-2(续)

波　　段	哨兵-2A 卫星		哨兵-2B 卫星		
	中心波段/nm	波段宽度/nm	中心波段/nm	波段宽度/nm	空间分辨率/m
波段 9-Water vapour	945.0	26	943.2	27	60
波段 10-SWIR-Cirrus	1 373.5	75	1 376.9	76	60
波段 11-SWIR	1 613.7	143	1 610.4	141	20
波段 12-SWIR	2 202.4	242	2 185.7	238	20

3. 遥感数据选取

通过对比分析研究区域 2017 年 1 月至 2018 年 8 月期间 GF-1 卫星数据与哨兵-2 卫星多光谱遥感数据在成像时间、云覆盖比例、成像质量等参数,本书选取 2017 年 7 月 19 日、2018 年 7 月 14 日的哨兵-2 卫星多光谱遥感影像数据进行分析。研究区谢桥、顾桥的真彩色图像如图 3-6 所示。

3.2.3　基于多光谱遥感数据水体的提取

基于多光谱遥感数据的沉陷水域范围的提取常采用归一化水体指数(NDWI)。NDWI 指,在水体光谱反射曲线中,水体主要反射蓝-绿光波段,而在反射红外波段时的反射率很低,几乎趋近于零,由绿色波段与近红外波段的算术计算值突出水体信息,其公式如式(3-1)所示。

$$NDWI = (R_G - R_{NIR})/(R_G + R_{NIR}) \tag{3-1}$$

式中,R_G、R_{NIR} 分别为绿色波段、近红外波段的反射率。

沉陷区水体提取技术路线如图 3-7 所示。

(1) 数据预处理

数据预处理主要包括辐射定标与大气校正。

辐射定标主要是将下载的遥感影像的亮度灰度值转换为绝对的辐射亮度,定标公式如式(3-2)所示。

$$radiance = gain \times DN + offset \tag{3-2}$$

式中,gain、offset 为定标参数,可从下载影像的信息文件中提取。

大气校正主要为了消除由大气影响所造成的传感器接收到的地物辐射中含有的大气散射等引起的辐射误差,进而反演地物真实的表面反射率的过程。

常用的大气校正模型较多,用于大气辐射传输校正的模型主要有 5S 模型、6S 模型、LOWTRAN 模型、MODTRAN 模型和 FASCODE 模型。本书采用 FLAASH(Fast Line-of-Sight Atmospheric Analysis of Spectral Hypercubes)模型大气校正方法。

(2) NDWI 计算

将 Sentinel-多光谱遥感数据的近红外与绿色波段代入式(3-2),得到沉陷区 NDWI 分布图。谢桥沉陷区水体 NDWI 空间分布如图 3-8 所示。

在图 3-8 中,沉陷区水体的 NDWI 值较大,其值大于 0,呈蓝色,其周围建筑物的 NDWI 较小,呈现浅黄色,其值大多在 0 左右,而四周分布的农田、绿色植被呈现暗红色,其值小于 0。这主要是由于水体在绿色波段的反射率要大于近红外波段的反射率,NDWI 值大于 0;而植被与裸露的土壤在近红外波段的反射率要大于绿色波段,NDWI 的值小于 0。而建筑

2017年7月19日

2018年7月14日

（a）谢桥

2017年7月19日

2018年7月14日

（b）顾桥

图 3-6　2017 年 7 月 19 日与 2018 年 7 月 14 日谢桥与顾桥沉陷区水体哨兵-2
卫星真彩色遥感影像图（R：B4；G：B3；B：B2）

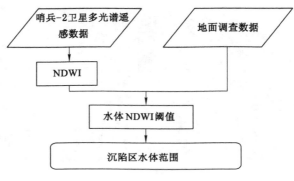

图 3-7 沉陷区水体提取技术路线

2017年7月19日

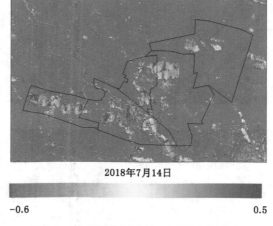

2018年7月14日

−0.6   0.5

图 3-8 谢桥沉陷区水体 NDWI 空间分布

物、水泥路面由于在绿色波段与近红外波段反射率相似,NDWI 值接近于 0。

(3) 阈值确定

在研究区域内,地物主要水体、植被、土壤、建筑物,水体与土壤、植被的 NDWI 的值相差较大,水体大于 0,而植被、土壤等小于 0,建筑物与水泥路面接近于 0,以 0 作为水体与其他地物的分类阈值,无法很好地将建筑物与水泥路面等区分开。通过选取图像上相应的建筑物、水泥路分析发现,其 NDWI 值多小于 0.01,因此,选择 0.01 作为区分水体与非水体的阈值。

在研究区域内,除由于地表沉陷形成的水体外,还有水塘、沟渠等小区域的水体,同时云的影响以及遥感数据本身的一些误差造成 NDWI 值较大,在水体分布图中,形成面积较小的图斑,在沉陷区水体的监测过程中,需要将图中小面积的水体图斑去除。结合野外调查数据,在研究区水体分布图中,面积小于 6 个以上连续像元形成的水体为地表沉陷形成的水体,经小图斑去除图像处理后,可得到经处理的沉陷区水体分布图,如图 3-9 所示。

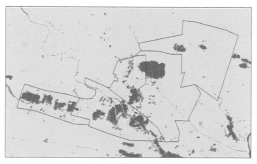

(a) 2017年7月19日

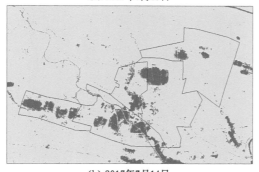

(b) 2017年7月14日

■ 水体　　　□ 排水体

图 3-9　谢桥沉陷区水体分布图

(4) 研究区水体面积统计

利用水体范围空间分布遥感影像,统计研究区内水体像元个数,从而计算研究区内水体面积。其计算结果如表 3-3 所示。

表 3-3　研究区水体总面积　　　　单位:km²

矿区	水体面积	
	2017 年 7 月 19 日	2018 年 7 月 14 日
顾桥	9.01	10.55
张集	15.81	18.40
谢桥	9.45	10.64
顾北	6.58	7.35
丁集	2.57	4.08
合计	43.42	51.03

由统计数据可以看出,各矿区中水体面积最大的为张集矿区,面积最小的为丁集矿区,各矿区水体面积在 2017 年 7 月 19 日至 2018 年 7 月 14 日期间均有增大,其中,张集矿区水体面积增大最多,增大了 2.59 km²。

3.3 基于长时间遥感数据的水体动态监测

根据项目研究目的和区域研究特征,将研究区土地覆盖类型分为水体、植被与其他三种类型进行分析。由于哨兵-2 等卫星为 2015 年发射,仅可获取 2015 年 12 月至今的遥感数据,历史卫星数据较少,为研究项目区内近 6 年的水体及土地覆盖类型变化,2013 年至 2015 年的数据采用具有时间连续性的陆地卫星 8 号的多光谱遥感数据。本书综合利用哨兵-2 卫星与陆地卫星 8 号多光谱遥感数据,采用水体 NDWI 提取方法、基于最大似然算法的监督分类方法,提取近 6 年研究区内水体及不同土地覆盖类型信息,从而研究水体的变化规律。研究技术路线如图 3-10 所示。

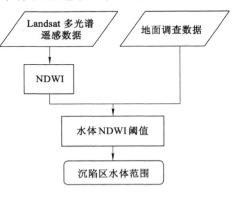

图 3-10 研究技术路线

3.3.1 陆地卫星多光谱数据

陆地卫星 8 号为美国 Landsat 计划的一颗卫星,其搭载的陆地成像仪包括 9 个波段,其中包括一个 15 m 的全色波段,成像宽幅为 185 km×185 km,空间分辨率为 30 m,其探测波段如表 3-4 所示。目前,国内下载 Landsat 数据可以通过 USGS 网站或者地理空间数据云,本书遥感数据从 USGS 网站下载。

表 3-4 陆地卫星 8 号的陆地成像仪观测波段

波段名称	波段/μm	空间分辨率/m
海岸波段	0.433~0.453	30
蓝波段	0.450~0.515	30
绿波段	0.525~0.600	30
红波段	0.630~0.680	30
近红外波段	0.845~0.885	30
短波红外 1	1.560~1.660	30
短波红外 2	2.100~2.300	30
全色波段	0.500~0.680	15
卷云波段	1.360~1.390	30

根据研究区域特点以及遥感影像成像时间、云覆盖比例等因素,本书采用的遥感数据主要包括 2013 年至 2015 年的陆地卫星 8 号以及 2016 年至 2018 年哨兵-2 卫星多光谱遥感影像数据。遥感影像成像时间如表 3-5 所示。

表 3-5　遥感影像成像时间

卫星与传感器	成像时间
陆地卫星 8 号、陆地成像仪	2013 年 5 月 21 日
	2014 年 3 月 21 日
	2015 年 4 月 25 日
哨兵-2 卫星、多光谱成像仪	2016 年 8 月 28 日
	2017 年 7 月 19 日
	2018 年 8 月 14 日

3.3.2　基于最大似然算法的监督分类算法

监督分类又称训练场地法、训练分类法,是以建立统计识别函数为理论基础、依据典型样本训练方法进行分类的技术,即根据已知训练区提供的样本,选择特征参数,求出特征参数并以此作为决策规则,建立判别函数从而对各待分类影像进行的图像分类,是模式识别的一种方法。该算法要求训练区域具有典型性和代表性。判别准则若满足分类精度要求,则此准则成立;反之,需重新建立分类的决策规则,直至满足分类精度要求为止。

最大似然分类是在两类或多类判决中,用统计方法根据最大似然比贝叶斯判决准则建立非线性判别函数集,假定各类分布函数为正态分布,并选择训练区,计算各待分类样区的归属概率而进行分类的一种图像分类方法。该方法通过对目标区域的统计和计算,得到各个类别的均值和方差等参数,从而确定一个分类函数,然后将待分类图像中的每一个像元代入各个类别的分类函数,将函数返回值最大的类别作为被扫描像元的归属类别,从而达到分类的效果。

3.3.3　水体的提取

(1)数据预处理:陆地成像仪多光谱遥感数据预处理主要包括辐射定标与大气校正,在 ENVI5.3 校正模块中进行。

(2)水体的提取:由于陆地成像仪的第 3 波段、第 5 波段与哨兵-2 卫星多光谱成像仪具有相似探测波段,分别探测绿波段与近红外波段,水体算法与 3.2.3 小节中水体提取方法一致。相关提取结果如图 3-11 所示。2013 年至 2018 年遥感提取水体面积统计如表 3-6 所示。

表 3-6　2013 年至 2018 年遥感提取水体面积统计 单位:km²

矿区	年　　　　份					
	2013 年	2014 年	2015 年	2016 年	2017 年	2018 年
张集矿	8.18	12.45	12.9	13.62	15.81	18.40
谢桥矿	4.28	6.72	7.76	9.48	9.45	10.64
丁集矿	0.31	1.01	1.52	2.53	2.57	4.08
顾桥矿	4.39	6.31	6.42	8.51	9.01	10.55
顾北矿	2.06	5.5	5.81	6.26	6.58	7.35
合计	19.22	31.99	34.41	40.4	43.42	51.02

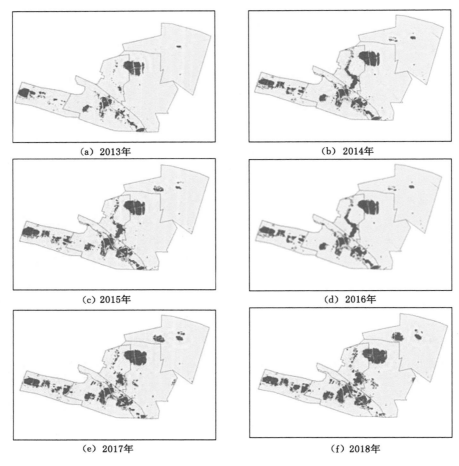

(a) 2013年 （b) 2014年

(c) 2015年 （d) 2016年

(e) 2017年 （f) 2018年

图 3-11 研究区水体分布遥感监测结果

由提取水体面积统计(表 3-6)与水体面积变化率(表 3-7)可以看出,在五个矿区中,张集矿区的水体面积最大,丁集矿区的水体面积最小;2013 年至 2018 年水体总面积呈增加趋势,其中张集水体面积增加最多,增加了 10.22 km²,丁集水体面积增加速度最大,年平均增加 81%,五个矿区沉陷水域共增加 31.80 km²。

表 3-7 2013 年至 2018 年遥感提取水体面积变化率统计表

矿区	变化空间					平均增长率/%
	2013—2014 年	2014—2015 年	2015—2016 年	2016—2017 年	2017—2018 年	
张集矿	0.52	0.04	0.06	0.17	0.16	0.19
谢桥矿	0.57	0.15	0.22	0.00	0.12	0.21
丁集矿	2.26	0.50	0.66	0.03	0.57	0.81
顾桥矿	0.44	0.02	0.33	0.06	0.17	0.20
顾北矿	1.67	0.06	0.08	0.06	0.11	0.39
合计	0.66	0.08	0.17	0.08	0.17	0.23

3.4　基于遥感卫星和无人机航测的沉陷水域面积勘测结果对比

3.4.1　研究区水域面积的提取结果

本次使用航空摄影测量和遥感解译两种提取沉陷水体要素的方法,即使用航测数据和哨兵-2 卫星遥感数据提取沉陷区水体要素,并对其面积进行统计,计算结果如表 3-8 所示。顾桥矿区沉陷区局部水体图如图 3-12 所示。

表 3-8　研究区水域面积统计计算结果　　　　　　　　单位:km²

提取方法	总的水体面积	受沉陷扰动的水体面积
航空摄影测量	53.61	48.97
遥感自动解译	43.42	38.36

　　(a)　哨兵-2卫星数据影像图　　　　　　　　(b)　航测数据影像图

(c)　NDWI分布图

图 3-12　顾桥矿区沉陷区局部水体图

3.4.2　不同研究方法提取精度分析

哨兵-2 卫星遥感数据与航测数据在水体提取方法、数据特征、成像时间等方面存在差异,故提取的沉陷区水体面积有较大差异(图 3-13)。这主要是因为以下两方面。

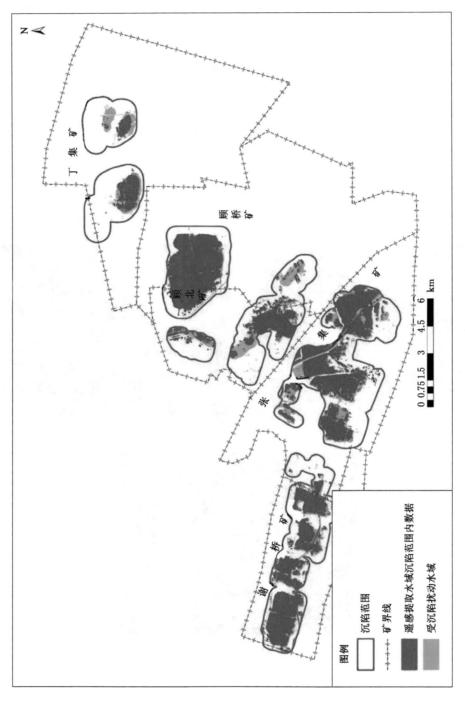

图 3-13　研究区沉陷水域面积核查遥感和正射影响提取对比图

（1）数据参数不一致

由于哨兵-2卫星遥感数据以卫星为平台,利用空间分辨率为10 m的传感器获取研究区遥感影像,探测可见光与近红外波段地物信息;而航测数据通过低空平台无人机搭载的0.004 88 mm像素的CCD相机获取,数据的空间分辨率更高,地物细节更加清晰。两种数据相比,哨兵-2卫星遥感影像数据增加了近红外波段的信息,但空间分辨率较低,在沉陷区内水体要素识别时,对于区域中边界部分识别程度较低,尤其是对面积较小的水体不能很好地识别。

（2）沉陷区水体提取方法的不同

基于哨兵-2卫星遥感数据的水体要素快速提取方法,利用水体的光谱特征,结合哨兵-2卫星遥感影像中水体在绿色波段与近红外波段的光谱特征,可采用归一化水体指数提取出水体。部分沉陷水域仍有少量树木、房屋等地物,导致哨兵-2卫星数据快速提取中不能将此区域进行有效识别,而航测数据的目视解译,其纹理清晰,可以通过解译人员的推理及研究区的实地勘察判断出水体中的植被和建筑物等,并解译为沉陷水域。这是造成哨兵-2卫星影像解译水体面积较小的一个重要原因。

沉陷区水体有其独特的形成原因,与自然水体相比,水体中的植被、建筑物较多,采用哨兵-2卫星遥感数据快速提取方法不能较为精确地提取出沉陷区水体的信息。

因此,可将基于航测数据和基于哨兵-2卫星遥感影像数据提取的水体要素进行叠加分析,并进行GIS制图。从图3-13中可以看出,基于哨兵-2卫星遥感数据提取的水体要素明显少于基于航测数据提取的水体要素。

3.5　本章小结

（1）利用无人机航空影像和哨兵-2卫星遥感影像数据,研究区水体总面积提取的结果分别为53.61 km² 和43.42 km²,对沉陷水域面积提取的结果分别为48.97 km²和38.36 km²。

（2）利用长时间序列多光谱陆地卫星8号陆地成像仪遥感数据对沉陷水域2013年至2018年水体面积变化情况进行监测,发现在研究区中各矿区水体面积在不断扩大,与研究区内由于煤炭开采引起的地表沉陷、积水区域范围扩大的情况相一致,该方法在一定程度上可以用于矿区水体的动态监测。

第4章 基于高光谱遥感的沉陷水域重金属与水质元素监测方法

4.1 研究内容与技术路线

4.1.1 研究内容

本章以谢桥煤矿、张集煤矿、顾桥煤矿、顾北煤矿、丁集煤矿沉陷水域为研究对象,通过地物光谱仪对水域的采样点进行光谱数据采集,同时通过化学分析方法获取采样点的叶绿素、总氮、总磷等水质元素含量以及重金属含量实测数据,分析统计遥感各光谱变换指标和采样点实测数据的相关性程度,结合特征光谱与实测水体水质指标构建水体水质指标值及重金属含量的定量反演模型,对比各类反演模型精度,选择最优的水体重金属含量反演模型,最后对模型进行了验证以探究高光谱反演水体重金属含量的可行性。

4.1.2 技术路线

水质理化元素含量与重金属含量高光谱监测反演研究技术路线分别如图 4-1 与图 4-2 所示。

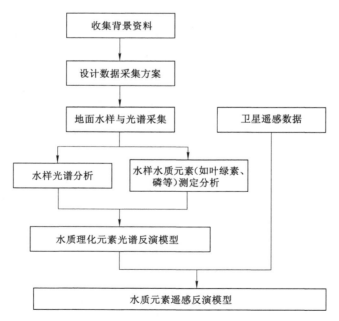

图 4-1 水质元素含量高光谱监测反演技术路线

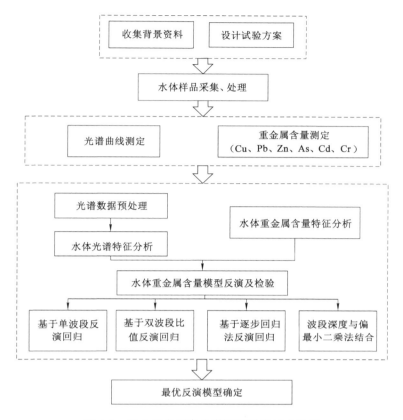

图 4-2　重金属含量高光谱监测反演技术路线

4.2　仪器选取与数据获取

光谱的采集选用美国 ASD 公司制造的 ASD Fieldspec4 地物光谱仪,仪器可采集波段范围为 350 nm～2 500 nm,其中波长小于 1 000 nm 的分辨率为 1.4 nm,波长大于 1 000 nm 的分辨率为 2 nm,重采样间隔为 1 nm,ASD Fieldspec4 地物光谱仪如图 4-3 所示。

地物光谱仪在采集数据时,通常会对三类光谱的辐射值进行测定:①暗光谱,即无光线进入光谱仪时由仪器记录的光谱;②参考光谱或标准白板光谱,从标准白板上测得的光谱;③样本光谱或目标光谱,是从目标物体上测得的光谱,这是最终被采用的光谱。

光谱测量选择在天气晴朗无云或少云,风力较小的日子进行。光源为日光,要求有一定的太阳高度角以满足精度要求下的信噪比,测量时一般要求太阳天顶角小于 50°。最佳的测量时间段在 10 点至 14 点,此时间段太阳光线充足且强烈。测量时,参与数据采集的人员需穿着暗色服装,不佩戴可以反射太阳光的饰品以降低对光谱仪的干扰,测量人员手持光纤头保持固定,探头朝下对准采样点水面,测量时应当注意避免船舶及人员的阴影。每次测量光谱前均对白板进行校正,研究区水域共划分为 15 个采样点,每个测点采集 10 条曲线,观测完成后剔除掉光谱反射率值偏离常规水体的反射率值较高、较低及光谱曲线走向异常等不合格的光谱曲线,取光谱平均值作该点样本的光谱反射率值。

图 4-3　ASD Fieldspec4 地物光谱仪

分别于 2017 年 9 月 27 日和 28 日上午的 10：00 至 12：30 采集水体光谱数据，当天天气晴好，风力较小，水面平整，适合光谱数据的采集。野外采样点的光谱观测如图 4-4 所示。

（a）　　　　　　　　　　　　　　　　　　　（b）

图 4-4　野外采样点的光谱观测

4.3　沉陷区水体重金属元素含量高光谱遥感监测

4.3.1　研究区水体重金属元素含量特征

研究区水体重金属元素含量特征如表 4-1 所示。从该表可知，在研究区 5 种水体重金属元素中，Zn 元素含量最高，达到 68.184 9 μg/L，标准差最大，这说明其分布离散；Cd 元素含量最低，为 0.324 5 μg/L，其标准差同样最低。变异系数，是对各观测值变异程度定量化的统计量，又称"标准差率"。数据变异系数低于 10％时为弱变异；处于 10％～100％之间呈中等变异；高于 100％时为强变异。由表 4-1 可知：水体重金属元素变异系数大小顺序为 Pb＞Cd＞Cr＞Zn＞Cu。水体 Pb 元素含量的变异系数大于 100％，呈强变异性；其余 4 种重金属元素的变异系数均介于 10％与 100％之间，呈现中等变异性。

表 4-1　研究区水体重金属元素含量特征　　　　　　　　　　　单位:ug/L

项目	Cr	Cu	Zn	Cd	Pb
极小值	0.355 3	1.146 8	10.227 0	0.011 5	0.227 1
极大值	11.532 3	5.393 9	68.184 9	0.324 5	28.206 3
均值	6.067 0	3.441 0	36.708 7	0.102 7	3.981 0
方差	13.348 8	1.820 3	221.358 6	0.005 4	48.179 8
标准差	3.529 7	1.303 4	14.373 6	0.071 0	6.705 8
变异系数	0.581 8	0.378 8	0.391 6	0.691 0	1.684 4
偏度系数	−0.006 7	−0.405 7	0.224 7	2.110 5	3.471 7
峰度系数	−1.091 5	−0.853 5	0.423 5	5.853 3	12.575 0

偏度系数可用于评判样品重金属含量分布是否对称,其值为 0 时说明数据分布对称,正负值分别表示右偏态及左偏态。峰度系数是衡量样品重金属含量聚集于中心程度的指标,峰度系数在正态分布情况下,其值是 0,峰度系数值越大表示样品重金属含量分布曲线越陡峭。由表 4-1 可见,水体样品七种重金属元素含量偏度和峰度系数均不等于 0,这表明各污染元素呈不对称分布且分布曲线呈倾斜状态。Pb、Cd 元素的峰度系数较大,说明这两种元素分布曲线倾斜较大。

4.3.2　沉陷水域光谱特征分析

1. 沉陷水域光谱特征

采集的原始光谱曲线如图 4-5 所示。由该图可以看出,水体光谱曲线总体上是波浪形曲线,总体形态与前人研究成果中的光谱曲线一致。350～1 000 nm 波段水体反射率较高,水体光谱曲线的形态类似。水体整体的反射率偏低,总体呈现随波长的增加而逐渐降低的趋势。光谱曲线在 650～750 nm 处达到极值,此区域有较为明显的反射峰。之后反射率又随着波长的增加逐渐降低,在 1 000 nm 附近反射率出现极小值,此处有明显的波谷;光谱曲线在 1 100 nm 附近出现反射峰,在 1 100 nm 处反射率达到最大;之后曲线急剧下滑,大约在

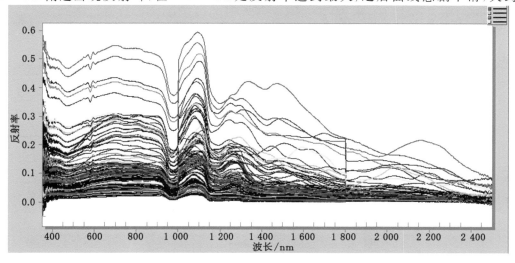

图 4-5　沉陷水域原始光谱曲线

1 150 nm 处再次出现明显的波谷;在 1 250~1 450 nm 附近处反射率又出现了小幅度的回升,随后光谱反射率变得极低;1 800 nm 之后,绝大部分光谱曲线的反射率低于 0.1,几乎呈现不反射特征。

2．水体光谱数据预处理

野外采集数据时,光谱曲线会因外界环境、光谱仪稳定性等因素的影响产生异常,需要对异常光谱曲线进行剔除。对每个水面样点采集 10 条光谱曲线以降低数据噪声,并剔除有明显错误及明显异常的光谱曲线。水体所含成分多种多样,光谱仪接收到的信息来自不同成分的反射。因此,光谱数据中的重金属元素含量光谱特征并不会达到所需要的理想程度。利用光谱微分变换、倒数对数变换方法对反射光谱数据进行处理,能够较好地提取相似水体光谱之间的差异,获取有用的光谱信息。

（1）断点修正

ASD Fieldspec4 地物光谱仪在 350~2 500 nm 波段中由三个探测元件组成,低噪声 512 阵元的 PDA 用于 350~1 000 nm 范围的测量,两个 INGaAs 探测器单元分别安置于 1 000~1 800 nm 和 1 700~2 500 nm 波段。光谱曲线在探测元件结合处会出现小幅度变异,在 1 000 nm 和 1 700~1 800 nm 范围处的曲线会发生突变。为消除探测元件结合处的曲线变异,需要对原始的反射光谱进行修正,项目中使用 ViewSpec 软件进行光谱曲线的断点修正。断点修正后的水体光谱曲线见图 4-6(a),与图 4-5 相比,经过处理后的曲线变得更平滑。

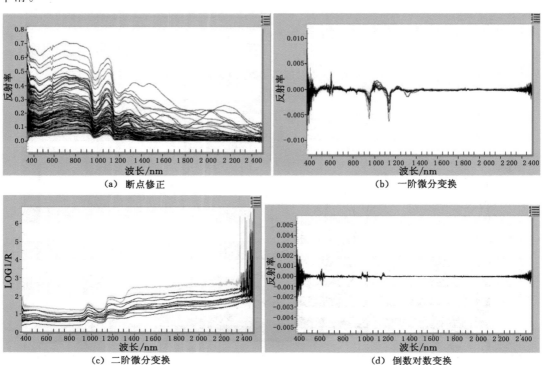

（a）断点修正 　　　　　　　　（b）一阶微分变换

（c）二阶微分变换 　　　　　　　（d）倒数对数变换

图 4-6　沉陷水域处理后的光谱曲线

（2）光谱数据微分变换

光谱的微分变换是光谱分析中常用的方法。在光谱实测中，可以确定光谱特征吸收参数，削弱光谱数据中的噪声，此外光谱微分变换也可以校正基线漂移，改善数据间系统误差，保留光谱中的部分有用信息，增强光谱的地物识别能力。光谱一阶微分（FDR）、二阶微分（SDR）的计算公式分别如下：

$$R'(\lambda_i) = \frac{R(\lambda_{i+1}) - R(\lambda_{i-1})}{\lambda_{i+1} - \lambda_{i-1}} \tag{4-1}$$

$$R''(\lambda_i) = \frac{R'(\lambda_{i+1}) - R'(\lambda_{i-1})}{\lambda_{i+1} - \lambda_{i-1}} \tag{4-2}$$

式中，$\lambda_i + 1$、λ_i、$\lambda_i - 1$ 为相邻波长，$R'(\lambda_i)$、$R''(\lambda_i)$ 分别为波长 λ_i 的一阶、二阶微分反射光谱，$R(\lambda_i + 1)$、$R(\lambda_i - 1)$ 为相应波长的原始光谱反射率。

（3）光谱数据倒数对数变换

光谱反射率经过倒数的对数变换之后，可以增强相似光谱间差异，并且减少因光照条件、地形变化等引起的乘性因素的影响，光谱倒数对数变换的公式为：

$$R_{\log}(\lambda_i) = \mathrm{Lg}\frac{1}{R(\lambda_i)} \tag{4-3}$$

式中：$R(\lambda_i)$ 为 λ_i 波长处的原始光谱反射率值，$R_{\log}(\lambda_i)$ 为波长 λ_i 的倒数对数反射光谱反射率值。

由图 4-6 可以看出，基于微分变换形式的光谱曲线较原始光谱曲线产生了较大的变异，可以显而易见地找到光谱特征，总体趋势亦有显著的不同，说明微分变化能实际扩大原始光谱及倒数对数光谱中不易被察觉的特征。如在一阶微分变换曲线中，580～620 nm 处有明显的反射峰、920～970 nm 及 1 120～1 170 nm 处有明显的吸收带；在二阶微分变换曲线中，更突出了 600 nm 附近相似光谱的差异。

3. 光谱不同变换形式与重金属相关性分析

由于光谱在 400 nm 前和 2 300 nm 后噪声十分严重，同时根据前人研究成果，对其做波段截取，以 400～1 200 nm 间的波段为基础，进行水体重金属元素含量反演回归分析。

（1）Cu 与不同形式光谱相关性

通过相关系数曲线图（图 4-7）可以看出：Cu 与原始光谱总体呈较好的相关性，两者在 1 060 nm 到 1 110 nm 之间则出现了较高的负相关；Cu 与一阶微分光谱在 650～700 nm、730～750 nm、1 190～1 200 nm 之间则出现了较高的正相关，在 500～600 nm、1 100～1 150 nm 之间出现了较高的负相关；Cu 与二阶微分光谱相关性较好，与多个波段的相关系数超过 0.8；Cu 与倒数对数光谱在 400～910 nm 呈现正相关，在 950～1 200 nm 间出现了较高的负相关；可知在这些波段附近的遥感反射率对于沉陷区水体重金属元素 Cu 的浓度变化最为敏感。

（2）Pb 与不同形式光谱相关性

如图 4-8 所示，Pb 与原始光谱呈现较低的负相关性且可以基本视作不相关；Pb 与一阶微分光谱在 530～540 nm、610～650 nm 之间则出现了较高的正相关，在 550～580 nm 之间出现了较高的负相关，且最大正相关及负相关系数达到显著水平；Pb 与二阶微分光谱相关性较好，相关系数介于 −0.8～+0.8 之间；Pb 与倒数对数光谱在 400～910 nm 波段呈现正相关，在 1 020～1 150 nm 间出现了负相关。

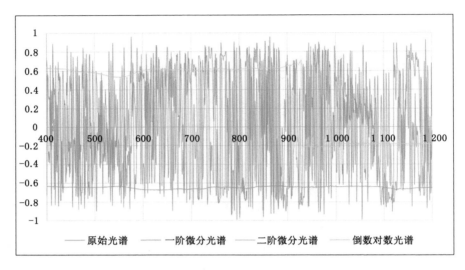

图 4-7　Cu 与不同形式光谱相关性

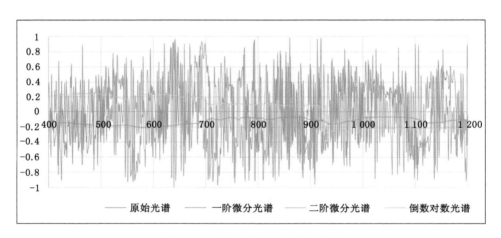

图 4-8　Pb 与不同形式光谱相关性

（3）Zn 与不同形式光谱相关性

如图 4-9 所示，Zn 与原始光谱呈明显的负相关性；Zn 与一阶微分光谱在 990～1 060 nm 之间则出现了较好的正相关，在 410～430 nm、520～550 nm、1 100～1 104 nm 之间出现了较好的负相关；Zn 与二阶微分光谱相关性较好，与多个波段的相关系数超过 0.8；Zn 与倒数对数光谱总体呈现正相关。

（4）Cd 与不同形式光谱相关性

如图 4-10 所示，Cd 与原始光谱相关性较低，可看作不相关；经过一阶微分变换后的光谱与 Cd 相关性在 680～690 nm、810～830 nm、1 150～1 160 nm 为较好的正相关，在 460～480 nm、1 000～1 010 nm 为较好的负相关；Cd 与二阶微分光谱相关性较之一阶微分光谱有提高，在一些波段可以达到 0.8 以上；Cd 与倒数对数光谱在 400～920 nm 呈正相关，在1 010～1 200 nm 呈负相关。

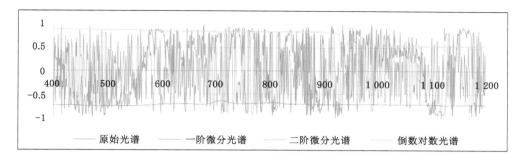

图 4-9　Zn 与不同形式光谱相关性

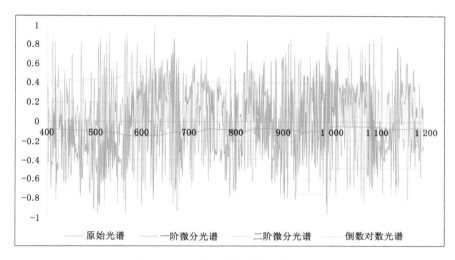

图 4-10　Cd 与不同形式光谱相关性

（5）Cr 与不同形式光谱相关性

如图 4-11 所示，Cr 与原始光谱呈负相关性，在 560～580 nm 相关性最大；经过一阶微分变换后的光谱与 Cr 相关性有显著的提升，最大相关系数出现在 464 nm 处，为 −0.921；Cr 与二阶微分光谱相关性较好；Cr 与倒数对数光谱在 400～910 nm 处相关性较高。

总体而言，对于 400～1 200 nm 波段范围，经过倒数对数变换的光谱与重金属的相关性较之原始光谱与重金属的相关性有一定的提高，且倒数对数和原始光谱的变化趋势呈相反变化特征。通过一阶微分及二阶微分变换后，光谱指标在整个光谱区域呈现剧烈的波动特征，相关性均有不同程度的提高，这表明通过对原始光谱进行多种变换处理，确实可以提高相关性。不同重金属元素与光谱的相关性差异较大，绝对值大小不同或相关性正负不一致，Cu、Zn 与各种形式的光谱相关性较好，As、Cd 与各种形式的光谱相关性较差。

4.3.3　沉陷水域重金属含量高光谱定量估算

矿区沉陷水域中重金属元素含量普遍较低，在各个波段仅能发现极弱的光谱特征，有时甚至无光谱特征。本章基于统计学对光谱数据进行筛选，利用水体光谱数据和重金属含量实测数据构建反演模型，从而实现对水体重金属元素含量的高光谱定量估算。

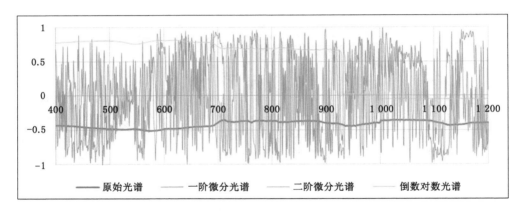

图 4-11　Cr 与不同形式光谱相关性

1. 基于单波段的水体重金属元素含量反演回归分析

（1）特征波段选择

表 4-2 所示为水体 5 种重金属元素含量与水体反射光谱（REF）及其 3 种变换形式（一阶微分 FDR、二阶微分 SDR、倒数对数 Lg(1/R)）的相关性统计，选择各形式光谱与重金属含量相关性最高的波段进行水体重金属含量反演模型的建立。重金属元素 Pb 与原始光谱及倒数对数光谱以及 Cd 与原始光谱反射率相关系数非常低，因此不进行这两种重金属元素含量的原始光谱及倒数对数光谱反演模型的建立。

表 4-2　水体重金属与光谱相关性统计

重金属	光谱指标	最大相关波段/nm	最大相关系数	重金属	光谱指标	最大相关波段/nm	最大相关系数
Cu	REF	632	−0.672	Pb	REF	—	—
	FDR	800	−0.967		FDR	641	0.967
	SDR	1 054	−0.971		SDR	639	−0.985
	Lg(1/R)	929	0.713		Lg(1/R)	—	—
Zn	REF	537	−0.756	Cr	REF	575	−0.51
	FDR	472	−0.989		FDR	1 005	0.986
	SDR	922	−0.993		SDR	643	−0.993
	Lg(1/R)	400	0.901		Lg(1/R)	620	0.814
Cd	REF	—	—				
	FDR	995	−0.96				
	SDR	626	0.956				
	Lg(1/R)	960	−0.758				

（2）模型建立

① 重金属元素 Cu 含量反演分析

特征单波段与重金属 Cu 线性与曲线拟合模型如表 4-3 所示。

表 4-3　特征单波段与重金属 Cu 线性与曲线拟合模型

光谱指标	模型类型	拟合模型方程	R^2	F 值	显著性 P
原始光谱 （632 nm）	线性	$y=-8.701x+4.271$	0.354	2.194	0.213
	对数	$y=-0.743\ln x+1.375$	0.390	2.553	0.185
	二次	$y=-45.752x^2+167.977x+5.228$	0.501	1.507	0.352
	幂	$y=1.748x^{(-0.225)}$	0.420	2.900	0.164
	指数	$y=4.189e^{(-2.587x)}$	0.368	2.326	0.202
一阶微分 （800 nm）	线性	$y=-13\,140.435x+4.456$	0.936	58.438	0.002
	对数				
	二次	$y=-15\,582.771x^2+16\,521\,686.75x+4.44$	0.946	26.476	0.012
	幂				
	指数	$y=-3\,878.84e^{4.417x}$	0.957	89.270	0.001
二阶微分 （1 054 nm）	线性	$y=-44\,712.5x+4.325$	0.942	65.318	0.001
	二次	$y=-39\,046.667x^2-259\,009\,524x+4.446$	0.962	37.714	0.004
	指数	$y=-12\,828.38e^{4.223x}$	0.911	40.698	0.003
倒数对数 （929 nm）	线性	$y=0.876x+1.927$	0.509	4.139	0.112
	对数	$y=1.398\ln x+2.868$	0.455	3.346	0.141
	二次	$y=0.44x^2+0.18x+2.28$	0.515	1.591	0.338
	幂	$y=2.773x^{0.406}$	0.451	3.293	0.144
	指数	$y=2.12e^{0.252x}$	0.493	3.895	0.12

注：x 表示各光谱变换形式拟合波段的波长位置反射率；经过二阶微分变换的光谱反射率包含非正值，无法计算对数模型和幂模型，下同。

在统计学上，$P<0.05$ 一般被认为是系数检验显著，即回归系数的绝对值显著大于 0，表明自变量可以对因变量的变异进行有效的预测。通过表 4-3 可以看出，使用一阶与二阶微分光谱变换的两个特征波段进行回归分析得到的线性模型及二次项模型拟合度较好。结合 P 值与 F 值检验以及精度分析结果，应选择二阶微分光谱指标 1 054 nm 特征波段处的二次项曲线模型进行重金属 Cu 含量的回归分析。

② 重金属元素 Pb 含量反演分析

特征单波段与重金属 Pb 线性与曲线拟合模型如表 4-4 所示。

表 4-4　特征单波段与重金属 Pb 线性与曲线拟合模型

光谱指标	模型类型	拟合模型方程	R^2	F 值	显著性 P
一阶微分 （641 nm）	线性	$y=60\,184.607x-0.64$	0.935	57.227	0.002
	二次	$y=-8\,165.673x^2+149\,280\,366x+1.611$	0.997	524.393	0
	指数	$y=1.331e^{6\,749.177x}$	0.967	118.292	0
二阶微分 （639 nm）	线性	$y=-187\,139.608x-0.637$	0.971	133.729	0
	二次	$y=-22\,011.33x^2+104\,941\,333x+1.293$	0.997	568.768	0
	指数	$y=-20\,395.386e^{1.361x}$	0.949	74.548	0.001

通过表 4-4 可以看出,使用一阶微分光谱与二阶微分光谱变换的特征波段进行回归分析得到的各类模型拟合度相似。其中,二次项模型的决定系数最好,但综合考虑 F 值以及 P 值,应选择二阶微分光谱指标 639 nm 特征波段处的线性模型进行重金属 Pb 含量的回归分析。

③ 重金属 Zn 含量反演分析

特征单波段与重金属 Zn 线性与曲线拟合模型如表 4-5 所示。

表 4-5　特征单波段与重金属 Zn 线性与曲线拟合模型

光谱指标	模型类型	拟合模型方程	R^2	F 值	显著性 P
原始光谱 (537 nm)	线性	$y=-136.817x+44.542$	0.775	13.811	0.021
	对数	$y=-14.095\ln x-6.124$	0.782	14.320	0.019
	二次	$y=-498.197x^2+1\,411.065x+57.408$	0.838	7.784	0.065
	幂	$y=6.017x^{0.579}$	0.748	11.863	0.026
	指数	$y=47.928e^{-5.554x}$	0.724	10.508	0.032
一阶微分 (472 nm)	线性	$y=-119\,622.895x+45.038$	0.978	175.994	0
	二次	$y=-146\,498.204x^2+88\,039\,805.83x+46.045$	0.981	78.190	0.003
	指数	$y=49.859e^{-5\,022.695x}$	0.977	169.226	0
二阶微分 (922 nm)	线性	$y=-86\,634.32x+41.550$	0.986	282.884	0
	二次	$y=-88\,113.892x^2+4\,642\,339.061x+41.567$	0.986	106.278	0.002
	指数	$y=42.697e^{-3\,566.196x}$	0.947	71.322	0.001
倒数对数 (400 nm)	线性	$y=28.328x-5.753$	0.811	17.215	0.014
	对数	$y=31.724\ln x+24.544$	0.809	16.945	0.015
	二次	$y=54.44x^2-11.067x-19.266$	0.814	6.572	0.080
	幂	$y=21.227x^{1.3}$	0.770	13.409	0.022
	指数	$y=6.101e^{1.165x}$	0.778	14	0.020

通过表 4-5 可以看出,一阶微分和二阶微分模型对水体重金属 Zn 含量的拟合效果好,其中二阶微分二次项模型模拟效果最好。总体而言,应选择二阶微分光谱指标 922 nm 特征波段处的二次项模型进行重金属 Zn 含量的回归分析,该模型决定系数较高,显著性较好。

④ 重金属 Cd 含量反演分析

特征单波段与重金属 Cd 线性与曲线拟合模型如表 4-6 所示。

表 4-6　特征单波段与重金属 Cd 线性与曲线拟合模型

光谱指标	模型类型	拟合模型方程	R^2	F 值	显著性 P
一阶微分 (995 nm)	线性	$y=-146.83x+0.03$	0.922	47.377	0.002
	二次	$y=-39.931x^2+104\,847.559x+0.47$	0.956	32.926	0.009
	指数	$y=0.44e^{-1\,499.839x}$	0.909	40.074	0.003
二阶微分 (626 nm)	线性	$y=1\,184.935x+0.065$	0.914	42.457	0.003
	二次	$y=1\,686.667x^2-5\,066\,666.667x+0.064$	0.920	17.247	0.023
	指数	$y=0.64e^{10\,923.88x}$	0.734	11.036	0.029

表 4-6（续）

光谱指标	模型类型	拟合模型方程	R^2	F 值	显著性
倒数对数 （960 nm）	线性	$y = 0.018x + 0.065$	0.14	0.649	0.466
	对数	$y = -0.001\ln x + 0.089$	0.005	0.018	0.899
	二次	$y = -0.111x^2 + 0.045x + 0.114$	0.743	4.339	0.130
	幂	$y = 0.078x^{-0.021}$	0.036	0.150	0.718
	指数	$y = 0.07\mathrm{e}^{0.096x}$	0.038	0.159	0.711

通过表 4-6 可以看出，一阶微分与二阶微分光谱类型回归模型的拟合精度都较好，其中一阶微分二次项模型的决定系数最高。总体而言，应选择二阶微分光谱指标 995 nm 特征波段处的二次项建立重金属 Cd 含量的回归分析。

⑤ 重金属 Cr 含量反演分析

特征单波段与重金属 Cr 线性与曲线拟合模型如表 4-7 所示。

表 4-7　特征单波段与重金属 Cr 线性与曲线拟合模型

光谱指标	模型类型	拟合模型方程	R^2	F 值	显著性 P
原始光谱 （575 nm）	线性	$y = -34.666x + 9.615$	0.692	8.997	0.040
	对数	$y = -3.428\ln x - 2.858$	0.634	6.936	0.058
	二次	$y = 21.075x^2 - 216.131x + 7.633$	0.708	3.636	0.158
	幂	$y = 0.652x^{-0.779}$	0.828	19.246	0.012
	指数	$y = 10.975\mathrm{e}^{-7.769x}$	0.879	29.081	0.006
一阶微分 （1 005 nm）	线性	$y = 29\,434.27x + 9.353$	0.972	140.301	0
	二次	$y = 33\,260.98x^2 + 17\,203\,921.57x + 9.344$	0.975	57.964	0.040
	指数	$y = 9.48\mathrm{e}^{5\,788.807x}$	0.951	77.232	0.001
二阶微分 （643 nm）	线性	$y = -36\,960.84x + 6.472$	0.986	284.845	0
	二次	$y = -38\,263.191x^2 + 46\,262\,603.78x + 6.097$	0.995	296.885	0
	指数	$y = 5.382\mathrm{e}^{-7\,312.13x}$	0.976	161.199	0
倒数对数 （620 nm）	线性	$y = 6.995x - 2.81$	0.662	7.830	0.049
	对数	$y = 7.842\ln x + 4.663$	0.683	8.628	0.043
	二次	$y = 31.349x^2 - 10.43x - 15.272$	0.715	3.758	0.152
	幂	$y = 3.615x^{1.761}$	0.871	27.036	0.007
	指数	$y = 0.67\mathrm{e}^{1.577x}$	0.850	22.714	0.009

通过表 4-7 可以看出，原始光谱及倒数对数光谱指标拟合效果较差；微分光谱指标反演效果较好，各模型决定系数均高于 0.9，二阶微分指标的二次项模型对重金属 Cr 的反演效果最好，应选择该模型进行重金属 Cr 含量模拟。

基于不同变换形式的光谱特征波段对沉陷水域各重金属元素含量进行不同模型（线性、对数、二次、幂、指数）的拟合，得到 5 种重金属的最优模拟模型，通过对比上述各曲线拟合模型表与曲线拟合度图，结合对建模及检验决定系数、F 检验及显著性 P 的对比分析可以得知:各种金属元素含量反演模型的精度依次为 Pb>Cr>Zn>Cu>Cd;不同变换形式的光谱反演模型的精度依次为二阶微分>一阶微分>倒数对数>原始光谱。总体而言,基于单波段的一阶及二阶微分变换指标反演模型对重金属 Pb、Cr 的反演效果较好。

4.4 沉陷水域水质元素含量高光谱定量估算

4.4.1 沉陷水域水质元素含量分析

本小节对矿区沉陷水域水体中常见三种水质元素叶绿素、总氮、总磷进行含量统计分析。在沉陷水域中采样监测的 3 种水质元素的含量统计量如表 4-8 所示。

表 4-8 研究区水体水质元素含量统计值 单位:mg/m³

项目	总磷	总氮	叶绿素 a
极小值	0.063 0	0.691 1	6.490 4
极大值	1.325 4	2.325 3	83.898 6
均值	0.258 0	1.386 6	42.364 1
方差	0.100 2	0.268 3	675.638 0
标准差	0.305 8	0.500 5	25.111 7
变异系数	1.185 3	0.360 9	0.592 8
偏度系数	3.089 7	0.261 6	0.093 8
峰度系数	10.516 1	−1.183 2	−1.330 8

由表 4-8 可知,在研究区 3 种水质元素中,叶绿素 a 含量最高,达到 83.898 6 mg/m³,标准差最大,说明其分布离散;磷元素含量最低,为 1.325 4 mg/m³,其标准差同样最低。水体水质元素变异系数大小顺序:磷>叶绿素>氮。水体磷元素含量变异系数为:118.53%,呈强变异性,其余 2 种元素变异系数均介于 10% 与 100% 之间,呈现中等变异性。从表 4-8 中可见:水体样品 3 种元素含量偏度和峰度系数均不等于 0,表明各元素呈不对称分布且分布曲线呈倾斜状态。磷元素偏度和峰度系数最大,说明磷含量远离正态分布最多。

4.4.2 光谱不同变换形式与水质元素相关性分析

(1)叶绿素与不同形式光谱相关性

通过图 4-12 可以看出:叶绿素 a 与原始光谱呈现比较高的负相关性;叶绿素 a 与一阶微分光谱在 454~464 nm、494~504 nm、1 093~1 025 nm 之间则出现了较高的负相关性,在 452~502 nm、1 120~1 130 nm 之间出现了较高的正相关;叶绿素 a 与二阶微分光谱相关性较好,与多个波段的相关系数超过 0.8;叶绿素 a 与倒数对数光谱呈现正相关性;可知在这些波段附近的遥感反射率对沉陷区水体水质元素叶绿素 a 的浓度变化最为敏感。

(2)氮与不同形式光谱相关性

通过图 4-13 可以看出:氮与原始光谱呈现比较高的负相关性,且在 −0.5 以内;与一阶微分光谱在 845 nm 左右具有最高的相关性,大于 0.8;与二阶微分光谱相关性有所提高,与多个波段的相关系数超过 0.8;与倒数对数光谱呈现正相关,在 976~1 000 nm 左右相关性最低;可知在这些波段附近的遥感反射率对沉陷区水体水质元素氮的浓度变化最为敏感。

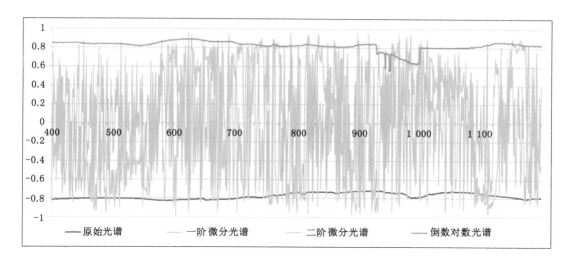

图 4-12　叶绿素 a 与不同形式光谱相关性

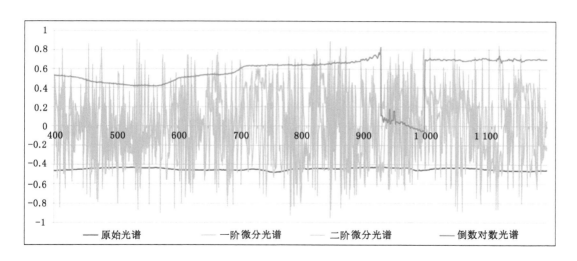

图 4-13　氮与不同形式光谱相关性

（3）磷与不同形式光谱相关性

通过图 4-14 可以看出：磷与原始光谱呈现比较高的负相关性，且在 -0.8 以内；与一阶微分光谱在 659~667 nm 左右具有较高的相关性，大于 0.6；与二阶微分光谱相关性有所提高，与多个波段的相关系数超过 0.8；与倒数对数光谱呈现正相关，在 930~1 000 nm 以外的相关性在 0.6 以上；可知在这些波段附近的遥感反射率对沉陷区水体水质元素磷的浓度变化最为敏感。

4.4.3　沉陷水域水质元素含量高光谱定量估算

表 4-9 所示为水体 3 种水质元素含量与水体反射光谱（REF）及其 3 种变换形式（一阶微分 FDR、二阶微分 SDR、倒数对数 Lg(1/R)）的相关性统计，应选择各形式光谱与水质元素含量相关性最高的波段进行水体水质元素含量反演模型的建立。

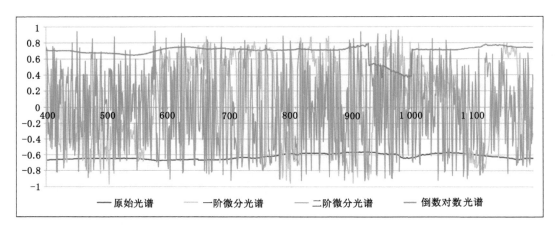

图 4-14　磷与不同形式光谱相关性

表 4-9　水体元素与光谱相关性

水质元素	光谱指标	最大相关波段/nm	最大相关系数
叶绿素 a	REF	588	−0.826
	FDR	904	−0.959
	SDR	603	−0.986
	Lg(1/R)	626	0.887
N	REF	757	−0.481
	FDR	847	0.890
	SDR	848	−0.957
	Lg(1/R)	929	0.827
P	REF	588	−0.672
	FDR	503	−0.967
	SDR	978	0.962
	Lg(1/R)	929	0.798

（1）叶绿素含量反演分析

通过表 4-10 可以看出，使用一阶与二阶微分光谱变换的两个特征波段进行回归分析得到的线性模型及二次项模型拟合度较好。结合 Sig 值（即显著性）与 F 值检验以及精度分析结果，应选择二阶微分光谱指标 603 nm 特征波段处的二次项曲线拟合模型进行叶绿素 a 含量的回归分析。

表 4-10　特征单波段与叶绿素 a 含量线性与曲线拟合模型

光谱指标	模型类型	拟合模型方程	R^2	F 值	显著性 P
原始 (588 nm)	线性	$y=-308.758x+76.289$	0.682	8.568	0.043
	对数	$y=-31.788\ln x-39.061$	0.759	12.597	0.024
	二次	$y=-1\,524.823x^2+4\,906.51x+116.119$	0.799	5.951	0.090
	幂	$y=2.362x^{-0.985}$	0.771	13.453	0.021
	指数	$y=84.96e^{-9.655x}$	0.705	9.564	0.036
一阶微分 (904 nm)	线性	$y=-223.475x+32.306$	0.919	45.532	0.003
	二次	$y=-247.777x^2-155x+33.948$	0.923	17.914	0.021
	指数	$y=22.421e^{-6\,335.752x}$	0.783	14.41	0.019
二阶微分 (603 nm)	线性	$y=-319.066x+65.821$	0.972	137.706	0
	二次	$y=-429.806x^2+7\,466.1x+63.381$	0.992	182.061	0.001
	指数	$y=60.48e^{-9\,770.3x}$	0.962	101.911	0.001

（2）总氮含量反演分析

通过表 4-11 可以看出，利用特征波段进行分析的决定系数最大为 0.654，为二阶微分二次项模型，应选择二阶微分光谱指标 848 nm 特征波段处的二次项曲线模型进行氮含量的回归分析。

表 4-11　特征单波段与总氮含量线性与曲线拟合模型

光谱指标	模型类型	拟合模型方程	R^2	F 值	显著性
原始微分 (757 nm)	线性	$y=-4.606x+1.696$	0.390	2.558	0.185
	对数	$y=-0.435\ln x+0.075$	0.517	4.286	0.107
	二次	$y=-21.288x^2+75.112x+2.199$	0.577	2.049	0.275
	幂	$y=0.469x^{-0.334}$	0.475	3.624	0.130
	指数	$y=1.626e^{-3.519x}$	0.354	2.194	0.213
一阶微分 (847 nm)	线性	$y=5\,021.053x+1.203$	0.395	2.607	0.182
	二次	$y=5\,465.842x^2-393.069x+1.21$	0.395	0.981	0.470
	指数	$y=1.114e^{3\,922.11x}$	0.374	2.395	0.197
二阶微分 (848 nm)	线性	$y=-7\,370.732x+0.837$	0.612	6.299	0.066
	二次	$y=-13\,882.622x^2-343x+0.653$	0.654	2.839	0.203
	指数	$y=0.838e^{-5\,741.058x}$	0.577	5.460	0.080
倒数对数 (929 nm)	线性	$y=0.454x+0.472$	0.637	7.011	0.057
	对数	$y=0.726\ln x+0.959$	0.572	5.349	0.082
	二次	$y=0.315x^2+0.35x+0.584$	0.640	2.663	0.216
	幂	$y=0.926x^{0.556}$	0.522	4.372	0.105
	指数	$y=0.64e^{0.345x}$	0.572	5.352	0.082

（3）总磷含量反演分析

由表 4-12 可以看出,利用特征波段进行分析的决定系数最大是 0.684,为倒数对数线性模型,其在 929 nm 特征波段处。

表 4-12　特征单波段与总磷含量线性与曲线拟合模型

光谱指标	模型类型	拟合模型方程	R^2	F 值	显著性 P
原始微分 (588 nm)	线性	$y = 0.557x - 0.257$	0.214	1.090	0.355
	对数	$y = 0.563\ln x + 0.339$	0.210	1.062	0.361
	二次	$y = 0.255x^2 + 0.141x - 0.113$	0.214	0.409	0.696
	幂	$y = 0.22x^{1.493}$	0.351	2.160	0.216
	指数	$y = 0.45e^{1.487x}$	0.363	2.276	0.206
一阶微分 (503 nm)	线性	$y = -2\,987.234x + 1.346$	0.638	7.047	0.057
	对数	$y = -0.98\ln x - 7.566$	0.800	15.967	0.016
	二次	$y = -15\,118.569x^2 + 185.04x + 3.083$	0.633	20.807	0.017
	幂	$y = 3.475x^{-2.23}$	0.585	265.557	0
	指数	$y = 2.626e^{-7\,323.929x}$	0.512	41.576	0.003
二阶微分 (978 nm)	线性	$y = 1\,021.442x + 0.034$	0.429	3.008	0.158
	二次	$y = -697.57x^2 + 2\,910\,296.576x + 0.058$	0.567	1.968	0.284
	幂	$y = 2.655x^{-3.46}$	0.445	162.254	0
	指数	$y = 0.095e^{2\,797.2x}$	0.466	13.082	0.022
倒数对数 (929 nm)	线性	$y = 0.4x - 0.354$	0.684	8.643	0.042
	对数	$y = 0.565\ln x + 0.112$	0.481	3.701	0.127
	二次	$y = -0.716x^2 - 0.276x + 0.012$	0.647	26.629	0.012
	幂	$y = 0.138x^{1.239}$	0.550	4.883	0.092
	指数	$y = 0.054e^{0.829x}$	0.700	9.350	0.038

通过对比上述各曲线拟合模型表,结合对建模及检验决定系数、F 检验及显著性 P 的对比分析可以看出:通过二阶微分变换的特征波段叶绿素 a 含量二次项曲线拟合模型精度最高;氮磷等拟合模型的决定系数的最大值小于 0.7,拟合精度不高,在利用高光谱遥感监测水质元素中,对叶绿素 a 的监测精度最高。

4.5　基于遥感卫星数据的水质元素含量监测

国内外学者对水体叶绿素、氮、磷等元素含量遥感监测方法进行了大量的研究,并提出了较为成熟的水质遥感指标,以及相应的叶绿素、氮、磷等元素含量的遥感定量反演模型与方法。本书在分析研究区内沉陷区域水体光谱曲线特征的前提下,通过结合地面观测的水体的光谱特征与叶绿素、氮、磷等元素含量的实测值进行对比分析,建立叶绿素、氮、磷等元素含量的反演模型,由图 4-12、图 4-13、图 4-14 以及表 4-10、表 4-11、表 4-12 的回归系数可以看出,叶绿素 a 与波段反射率相关性最好,而总氮、总磷的相关系数相对较低。因此,本节只针对叶绿素 a 进而利用卫星遥感数据进行定量反演与分析。

4.5.1　遥感卫星数据源

根据研究区域与地面数据采集的时间要求,具有 100 m 空间分辨率以及较长时间重访周期的环境一号卫星数据不能满足要求,应选用陆地卫星 8 号陆地成像仪遥感数据进行水质元素的监测,陆地卫星 8 号陆地成像仪遥感影像数据的参数参见本书 3.3.1 部分。

本书采用陆地卫星 8 号陆地成像仪遥感影像数据,研究区域 2018 年 4 月 18 日陆地成像仪假彩色影像如图 4-15 所示。

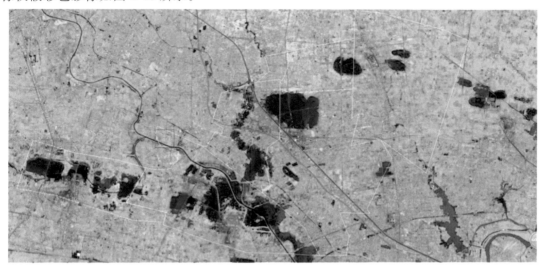

图 4-15　研究区域陆地成像仪遥感影像假彩色合成图

(R:波段 6　　G:波段 5　　B:波段 4)

4.5.2　叶绿素 a 光谱特征分析及反演模型建立

沉陷水域遥感反射率光谱曲线具有典型的内陆水体光谱特征。在 400～500 nm 波段内,由于叶绿素、类胡萝卜素及黄色物质的强吸收作用,遥感反射率在该波段范围内相对较低;在 550～580 nm 处的反射峰是叶绿素和胡萝卜素在该波段范围内吸收较弱及细胞的散射作用造成的;在 630 nm 附近的反射谷是藻蓝素的吸收形成的;675 nm 附近由于叶绿素 a 的强吸收而表现出明显较低的反射峰;700 nm 附近的明显反射峰是叶绿素 a 的荧光作用造成的。

在图 4-12 所示各波段的光谱值与水体光谱曲线的相关性中可以看出,在波谱中单波段相关性较好的波段在 551～612 nm 与 655～685 nm 处,其相关系数的绝对值在 0.81 以上,而 550～580 nm 波段同时受到叶绿素和胡萝卜素的影响,655～685 nm 波段正位于陆地卫星 8 号陆地成像仪 4 波段,因此选择此波段作为叶绿素 a 的监测波段。

(1)数据处理:包括陆地成像仪遥感数据的辐射定标、大气校正以及叶绿素反演模型的应用计算。

(2)辐射定标:将传感器记录的数字化量值(DN)转化为绝对辐射亮度值(辐射率)的过程,或者转化成与地表反射率、表面温度等物理量有关的相对值的处理过程。按照不同的使用要求及应用目的,可以分为绝对定标和相对定标。绝对定标通过各种标准辐射源,建立辐射亮度值与 DN 值之间的定量关系。相对定标则指确定场景中各像元之间、各探测器之间、各波谱段之间以及不同时间测得的辐射亮度量的相对值。辐射定标公式如式(4-4)所示。

$$Lb = Gain \times DNb + Bias \tag{4-4}$$

式中,Gain、Bias 均为校正系数,各波段校正系数可在下载的数据中获取。

(3)大气校正:目的是消除大气和光照等因素对地物反射的影响,获得地表反射率、辐射率、地表温度等真实物理模型参数,包括消除大气中水蒸气、氧气、二氧化碳、甲烷和臭氧等对地物反射的影响;消除大气分子和气溶胶散射的影响。大多数情况下,大气校正同时是反演地表真实反射率的过程。

本书中采用基于 MODTRAN4+辐射传输模型的 FLAASH 大气校正算法。

(4)叶绿素 a 含量监测:根据 4.5.2 中分析,应选择陆地成像仪中 4 波段(红波段)采用单波段法进行监测,在 15 个采样点,选取 8 个点的叶绿素含量值与对应像元反射率建立模型,其余采样点数据作为验证数据对模型进行精度分析。

采样点与遥感像元反射率的散点图如图 4-16 所示,二次项模型的决定系数为 0.61,相关性较好,以之建立遥感监测模型,数学表达式如式(4-5)所示。

$$Chl\text{-}a = 38\ 630 \times (b4)^2 - 4.939\ 9 \times b4 - 0.589\ 4 \tag{4-5}$$

式中,b4 为陆地成像仪 4 波段的反射率。

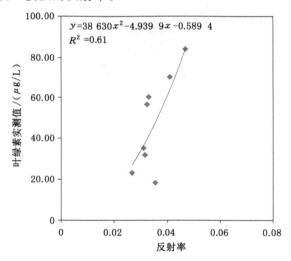

图 4-16　水体反射率与叶绿素实测值散点图

将陆地成像仪遥感影像数据应用于叶绿素 a 含量遥感监测模型,得到研究区域叶绿素 a 含量遥感监测分布图,如图 4-17 所示。大部分区域的叶绿素 a 含量大于 50 μg/L 左右。其中,张集区域水体叶绿素 a 含量总体较低,在谢桥西部水体、顾桥东部水体以及顾北东部水体部分叶绿素 a 含量较大,在 70 μg/L 以上,在水域边界的区域值较高,大多是 100 μg/L 以上。这主要是由于在水体边界上水深较浅以及水面有部分植被分布,造成反射率较大,陆地成像仪图像空间分辨率为 30 m,水体边界像元多为混合像元,造成水体叶绿素 a 含量偏大。

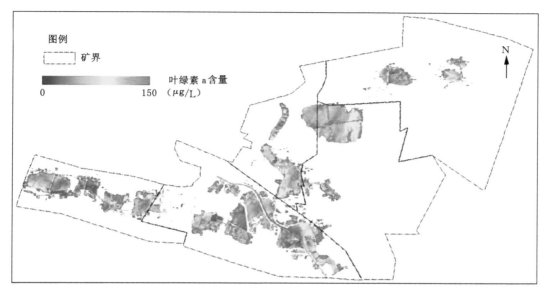

图 4-17　研究区叶绿素 a 含量遥感监测分布图

对遥感监测结果与地面验证采样点实测数据进行了对比分析,散点图如图 4-18 所示。由图 4-18 可以看出,遥感监测值与实测值的决定系数为 0.425 2,相关性较好,RMSE 为 23.5,相差较大,这主要是由于在采样点 L4 与 L8 的观测值较低,而遥感监测值较大,在叶绿素 a 含量值较低时,水中其他物质如水中杂质等造成水体反射率较大,遥感监测值偏大,因此,在叶绿素 a 含量较小时,遥感监测模型不能较好监测叶绿素 a 含量的变化。

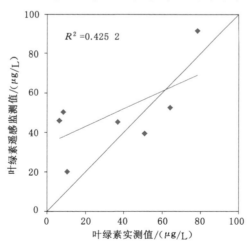

图 4-18　水体叶绿素遥感监测值与实测值散点图(RMSE=23.5)

4.6　本章小结

(1) 借助 ASD Fieldspec4 光谱仪采集研究区域内典型沉陷水域水体样品的光谱数据,同步监测采集的水体样品中 5 种重金属元素(Cu、Pb、Zn、Cd、Cr)的含量。通过分析水体光谱特征,选取特征波段,采用5种回归分析方法构建矿区沉陷水域重金属含量反演模型,探究高光谱反演水体重金属含量的可行性。

(2)通过水体光谱曲线特征与水质元素(叶绿素a、总氮、总磷)含量的相关性分析,建立地面高光谱遥感监测模型,并进行了相关分析。并以此为基础,利用陆地卫星8号陆地成像仪遥感影像数据,结合地面观测数据,建立叶绿素遥感监测模型,同时通过地面观测数据进行验证与精度分析,遥感监测模型在研究区能够反映水体叶绿素的空间分布,具有较好的精度。

(3)由于研究区内水体重金属含量较低,低于水体重金属监测指标,以及总氮、总磷等水质元素与水体光谱的相关性较低,在利用卫星遥感数据监测方面的应用会受到限制。

第 5 章　基于无人船的沉陷水域水下地形测量及沉陷水域水资源量核算

在现场踏勘的基础上,通过水下地形勘测可获取水下地形和水体深度的准确数据。潘一矿(含潘一东)等矿井,沉陷水域水下地形十分复杂,常规测量手段局限性大,成本高,作业效率低,难以较好地完成沉陷水域水下地形的勘测工作。无人船测量系统是新兴起的测量技术手段,由自动导航模块、声呐探测模块、外围传感模块、岸基操控模块和专用软件等部分组成,集卫星定位、传感器与智能导航控制等众多先进技术于一体,该技术为复杂条件下的水下地形勘测提供了高精度、智能化、无人化、集成化、机动化和网络化的解决方案。

5.1　无人船测量系统概况

5.1.1　测量系统构成

选用的是中海达 iBoat BS2 无人测量船,船长约 1 m,搭载有 GNSS 定位系统和测深传感器(单波束测深仪),船体轻、速度快、耐波性能好、续航时间长,大大提高水下地形测量的效率和准确度。该型号无人船出厂前进行检测的水深测量精度为:1 cm±0.1%×水深。iBoat BS2 无人船测量系统按照功能主要由船控系统、船载定位系统和测深系统等部分组成。该系统介绍如图 5-1 所示。

(1)船控系统

船控系统用来控制无人船的航行轨迹,由笔记本电脑或手持遥控器和通讯单元组成,可根据拟勘测水域的特点,选择自动控制和手动控制两种不同的控制模式,对航线进行实时矫正。同时,测深船与岸基控制单元之间通过无线通信建立联系,将船上各类传感器数据、影像数据传回给控制软件,以供岸上操控人员实时掌握船体状态和测量数据,及时发现错误信息,调整航行轨迹和仪器设置。

另外,iBoat BS2 船控系统还可实现定速巡航模式设置、超声波自主避障和信号失联、低电量条件下的自主返航。

(2)船载定位系统

iBoat BS2 搭载的定位系统采用高精度 GNSS-RTK 模块进行定位,配置包括 K10 GNSS 主机、天线和配套电缆等。

(3)测深系统

iBoat BS2 搭载的是无人船专用测深仪,包括 HD-510 主机、换能器和配套电缆等,并配置有 HiMAX 测深软件,集水深测量、导航和水深数据后期处理等功能于一体。

（a）船体尺寸   （b）天线系统

 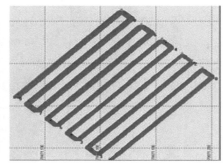

（c）遥控器   （d）设计航线

 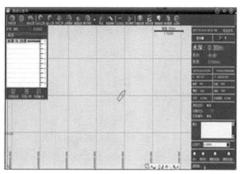

（e）HD-510测探仪   （f）水深测量工作界面

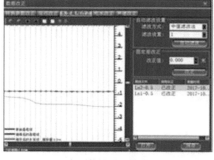 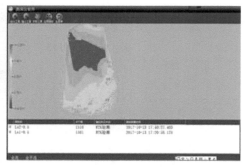

（g）水深数据后处理界面   （h）彩色水下地形图

图 5-1 无人船测量系统

5.1.2　测量系统基本原理

无人船测量系统的核心任务是进行水深测量和导航定位,实现这些任务所需要的仪器设备包括数字测深仪、姿态传感器、GPS 接收机、全角度摄像头和距离传感器等。无人船测量基本原理如图 5-2 所示。

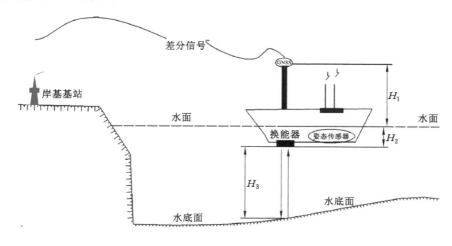

图 5-2　无人船测量基本原理

系统的导航定位采用 GPS-RTK 动态差分定位原理,在岸基架设 GNSS 基准站接收 GNSS 卫星信号,并将差分数据发送给无人船上安置的 GNSS 接收机,实现定时定位和导航功能。水深测量由安置在船上的数字双频测深仪完成,其基本原理是利用超声波穿透一种介质后会在不同介质分界面发生反射的特性,由换能器探头发射超声波,测出发射波和反射波之间的时间差来进行水深测量。假设装在船上的 GNSS 接收机的高程为 H_G,测量时 GNSS 接收机至水面的高度、换能器底部至水面的高度分别为 H_1、H_2,数字测深仪测得的换能器到水底的深度为 H_3,那么,无人船航行过程中某时刻的位置所对应的水底点的高程 H 可通过式(5-1)计算得到。

$$H = H_G - H_1 - H_2 - (H_3 + \Delta H) \tag{5-1}$$

式中,H_G 是 GNSS-RTK 测得的高程,通常需要转换到当地或国家高程基准中;ΔH 是船体的姿态改正。

无人船在实际航行过程中受到风和水流等因素的影响,会造成船体左右摇摆和前后晃动,改变了测量船的姿态,使得换能器采集到的水深数据与 GNSS 接收机的平面数据不匹配,产生离散现象;同时测深仪测得的水深数据会出现误差,此项误差随着水深的增加而增大,不可忽略。因此,需要利用船体上的姿态传感器对采集到的水深数据进行改正,从而保证测量船测得的水深数据准确可靠,姿态改正由系统软件自动完成。

5.2　基于无人船的沉陷水域水下地形测量

研究区沉陷水域面积大,分布较为分散。沉陷前土地利用类型有建筑用地、工业用地等,导致沉陷水域水下地形十分复杂。再加上已有部分沉陷区域被开发利用,在客观上增加

了工作难度。根据不同的现场条件,无人船水下地形勘测工作可按照如图 5-3 所示的技术路线进行:

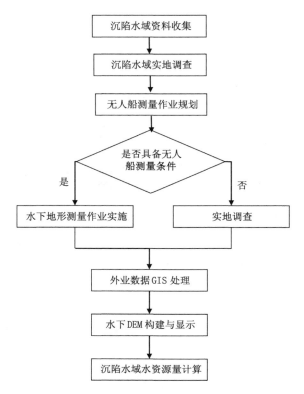

图 5-3　无人船沉陷水域水下勘测技术路线

5.2.1　确定作业区域和作业方式

在前期资料收集和实地勘察的基础上,根据水面是否具备无人船测量条件将潘谢矿区的沉陷水域分为两大类,即具备无人船测量条件的水域和不具备无人船测量条件的水域。其中,具备测量条件的水域,根据水域大小、形状和水面复杂情况,又可细分为测量条件较好、测量条件一般和测量条件较差三种。

针对测量条件较好的水域,可采用无人船自动测量的模式进行作业;针对测量条件一般的水域,可租借当地柴油机或电动渔船带动无人船以相对较快的速度航行,人工操纵无人船进行大面积水域的测量;针对测量条件较差的水域,雇用比较熟悉水面和水下情况的当地渔民手划渔船带动无人船缓慢前行,人工操纵无人船进行测量。针对水面复杂,或者不允许进入等不具备测量条件的水域,采用实地调查的方式进行。对于水草繁茂、渔网密布或者不允许进入等不具备测量条件的水域,项目组进行了实地调查,调查对象为水域承包人或当地长住居民,调查内容包括:沉陷时间、沉陷前土地利用方式、沉陷水域目前的开发利用状态、枯水期和丰水期的大致水深等。调研的同时,用手持 GNSS 测量仪测出水域各拐点坐标。

5.2.2　设计无人船航线

自动测量模式下,航线间距一般设为 $50\sim100$ m。人工操作模式下,为使无人船航线能够比较均匀地覆盖所要测量的沉陷水域,首先让无人船围绕测区水域航行一圈,然后将测区进行圈形分割,直到覆盖整个测区。其中潘集矿区沉陷水域无人船作业航线总长度为198 km,各矿井沉陷水域无人船作业航线统计如表 5-1 所示。

表 5-1　沉陷水域无人船作业航线统计

矿井名称	无人船作业水域数/块	水域面积/km²	航线长度/km
潘一矿(含潘一东)	9	9.00	93.1
潘二矿	3	2.47	25.9
潘三矿	10	5.14	53.8
潘二矿(潘四东井)	4	1.65	19.7
朱集东矿	2	0.64	5.5
汇总	28	18.90	198.0

5.2.3　测量安排

（1）潘集矿区

于 2021 年 4 月、5 月、11 月开展枯水期部分无人船水下地形测量与调查工作;于 2021 年 6 月—8 月开展丰水期的沉陷水域水下地形勘测与调查,从而获取沉陷水域水资源量计算的基础数据。无人船沉陷水域水下地形测量部分工作现场照片如图 5-4 所示。

(a)　　　　　　　　　　　　　　　(b)

图 5-4　沉陷水域无人船水下地形勘测作业现场照片(潘一矿、潘二矿)

（2）谢桥矿区

于 2017 年底和 2018 年 7—8 月份,完成沉陷水域枯水期和丰水期的无人船水下地形测量工作,部分作业现场见图 5-5。对于水草繁茂、渔网密布、布满太阳能电板或者不允许进入等不具备测量条件的水域,应进行实地调查,调查对象为水域承包人或当地长住居民;调查内容如 5.2.1 小节所述。

(a)   (b)

图 5-5   无人船水下地形勘测作业现场与实地调查

5.3   沉陷水域水下 DEM(数字高程模型)要素提取

5.3.1   无人船测深数据处理

（1）外业测深数据提取

无人船上搭载测深仪采集的是高频率电磁波数据,经平滑和过滤处理,剔除误差后,用于计算水深的数据在航向上间隔不宜过小,按照 5 m 的点间距提取原始数据的平面坐标、水深和水面高程值。因数据处理流程一致,本节以潘集矿区数据为例进行说明。无人船测深数据抽取及处理如图 5-6、图 5-7 所示。

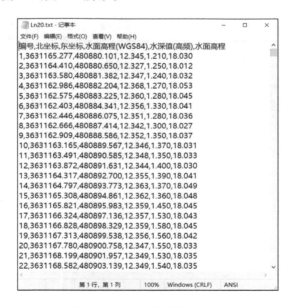

图 5-6   无人船测深数据抽取

	A	B	C	D	E
1	编号	北坐标	东坐标	水深值（高频）	水面高程
2	1	3631165.277	480880.101	1.21	18.03
3	2	3631164.41	480880.65	1.25	18.012
4	3	3631163.58	480881.382	1.24	18.032
5	4	3631162.986	480882.204	1.27	18.053
6	5	3631162.575	480883.225	1.28	18.045
7	6	3631162.403	480884.341	1.33	18.041
8	7	3631162.446	480886.075	1.28	18.036
9	8	3631162.666	480887.414	1.3	18.027
10	9	3631162.909	480888.586	1.35	18.037
11	10	3631163.165	480889.567	1.37	18.031
12	11	3631163.491	480890.585	1.35	18.033
13	12	3631163.872	480891.631	1.4	18.03
14	13	3631164.317	480892.7	1.39	18.041
15	14	3631164.797	480893.773	1.37	18.049
16	15	3631165.308	480894.861	1.36	18.048

图 5-7　处理成 Excel 格式

（2）外业测深数据导入 GIS

沉陷区水下地形的构建，需要一系列水底高程值离散点作为基础数据，通过离散点的水面高程减去水深，可得到水底高程值。将各离散点水底高程值导入 ArcGIS 软件即构建 DEM。通过离散数据导入功能，将采样点数据展绘在地图上。具体如图 5-8 至图 5-10 所示。

	编号	北坐标	东坐标	水深值（高频	水面高程
▶	1	3631165.277	480880.101	1.21	18.03
	2	3631164.41	480880.65	1.25	18.012
	3	3631163.58	480881.382	1.24	18.032
	4	3631162.986	480882.204	1.27	18.053
	5	3631162.575	480883.225	1.28	18.045
	6	3631162.403	480884.341	1.33	18.041
	7	3631162.446	480886.075	1.28	18.036
	8	3631162.666	480887.414	1.3	18.027
	9	3631162.909	480888.586	1.35	18.037
	10	3631163.165	480889.567	1.37	18.031
	11	3631163.491	480890.585	1.35	18.033
	12	3631163.872	480891.631	1.4	18.03
	13	3631164.317	480892.7	1.39	18.041
	14	3631164.797	480893.773	1.37	18.049
	15	3631165.308	480894.861	1.36	18.048
	16	3631165.821	480895.983	1.45	18.045

图 5-8　测深数据导入 ArcGIS

图 5-9　数据导入参数设置

5.3.2　水下 DEM 构建

（1）提取水涯线水深值

水涯线高程为实际测量的高程，但在 ArcGIS 中水涯线高程属性被赋值为 0。

通过 ArcGIS 的编辑功能，向水涯线图层中添加高程字段，输入高程值。水涯线处的水底高程与水面高程相同。具体如图 5-11 至图 5-14 所示。

（2）水深地形 TIN（不规则三角网）构建

已知无人船测量点的水底高程值由水面高程减去水深可得。基于水底高程数据（包括由无人船测量的深度计算而来的和由水涯线计算而来的）可通过 ArcGIS 创建水底 TIN 模型。图 5-15、图 5-16 显示了 TIN 的构建过程。

图 5-10　无人船测点展绘

图 5-11　水涯线高程获取

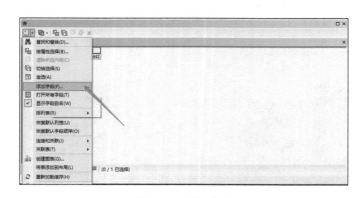

图 5-12　添加字段

图 5-13　高程字段设置

图 5-14　输入水涯线高程值

北坐标	东坐标	水面高程	水深值（高频	水底高程
3634905.373	482926.277	20.125	7.63	12.495
3634905.373	482926.277	20.125	7.66	12.465
3634905.373	482926.277	20.125	7.64	12.485
3634905.373	482926.277	20.125	7.66	12.465
3634904.591	482924.534	20.13	7.7	12.43
3634904.591	482924.534	20.13	7.68	12.45
3634904.591	482924.534	20.13	7.72	12.41
3634904.591	482924.534	20.13	7.71	12.42
3634904.591	482924.534	20.13	7.7	12.43
3634904.591	482924.534	20.13	7.72	12.41
3634904.591	482924.534	20.13	7.69	12.44
3634904.591	482924.534	20.13	7.71	12.42
3634904.591	482924.534	20.13	7.72	12.41
3634904.591	482924.534	20.13	7.72	12.41
3634904.591	482924.534	20.13	7.71	12.42
3634904.591	482924.534	20.13	7.7	12.43
3634904.591	482924.534	20.13	7.73	12.4

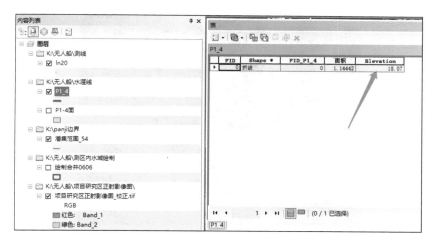

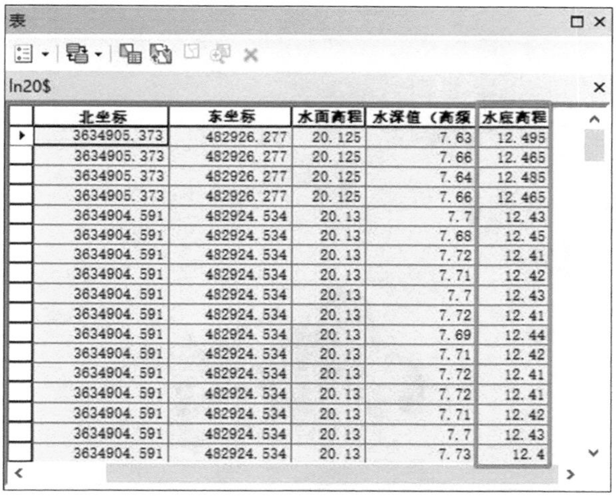

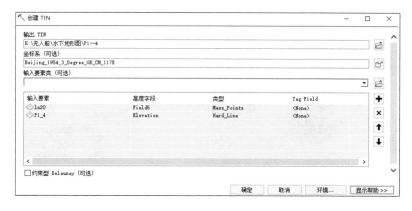

图 5-15　水底高程的计算

图 5-16　选择创建 TIN 的要素

构建的水底地形 TIN 模型如图 5-17 所示。

图 5-17　沉陷水域水底地形 TIN 模型构建

利用无人船测量系统进行实际水深勘测的水域分布如下：潘一矿（含潘一东）9 块、潘二矿 3 块、潘三矿 10 块、潘二矿（潘四东井）4 块、朱集东矿 2 块。本书分别构建了各沉陷水域的水底地形 TIN 模型，如图 5-18 至图 5-22 所示。

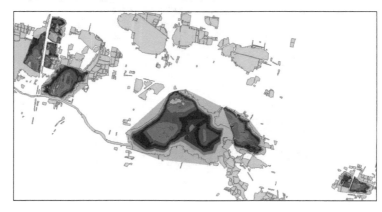

图 5-18　潘一矿（含潘一东）水底地形 TIN 模型

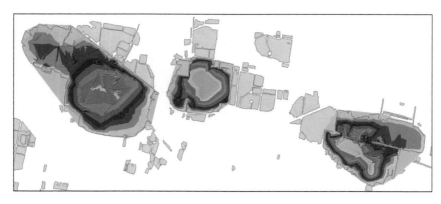

图 5-19　潘二矿水底地形 TIN 模型

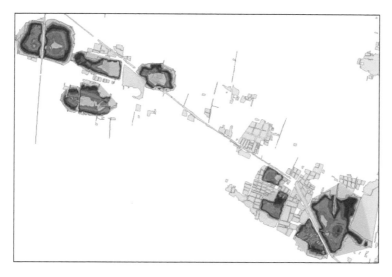

图 5-20 潘三矿水底地形 TIN 模型

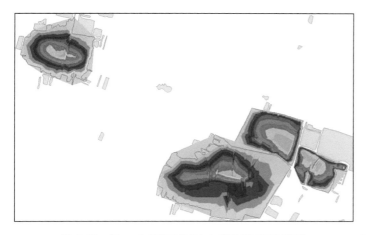

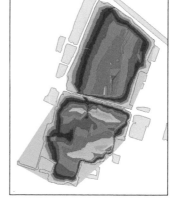

图 5-21 潘二矿(潘四东井)水底地形 TIN 模型　　图 5-22 朱集东矿水底地形 TIN 模型

　　另外,本书基于无人船数据,构建了研究区水下地形模型,其结果如图 5-23 所示。

5.3.3 沉陷水域水底地形三维显示

　　(1)潘集矿区

　　对无人船实测的沉陷水域,采用 ArcMAP 栅格裁剪,并使用 ArcScene 软件对水底地形进行渲染。由于水深数值相对面积数值小得多,在三维显示时,对水深方向进行了 20 倍的拉伸,因此不能将三维显示结果直接等同于实际水深。此外,潘一矿沉陷水域水底高程分布如图 5-24 所示。

　　如前所述,利用无人船测量系统进行实际水深勘测的水域分布如下:潘一矿(含潘一东) 9 块、潘二矿 3 块、潘三矿 10 块、潘二矿(潘四东井)4 块、朱集东矿 2 块。本书分别对每个矿区的水底 DEM 进行了渲染,其渲染结果如图 5-25 至图 5-29 所示。研究区沉陷水域水底高程分布如图 5-30 所示。

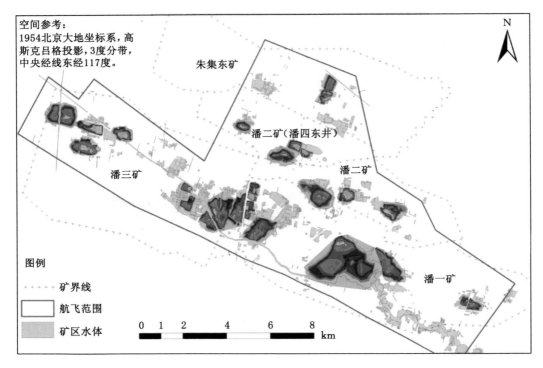

图 5-23　研究区水下地形 TIN 模型

图 5-24　潘一矿沉陷水域水底高程分布

图 5-25　潘一矿部分水域水底地形三维显示

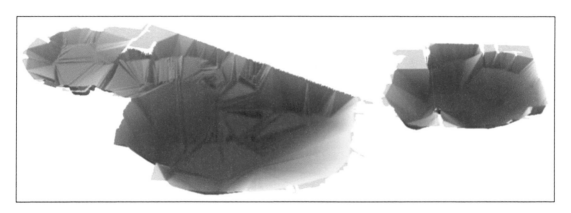

图 5-26　潘二矿部分水域水底地形三维显示

图 5-27　潘三矿部分水域水底地形三维显示

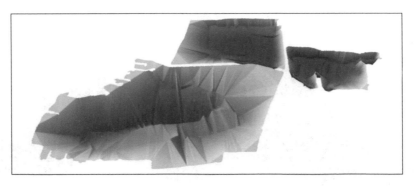

图 5-28 潘二矿（潘四东井）部分水域水底地形三维显示

图 5-29 朱集东矿部分水域水底地形三维显示

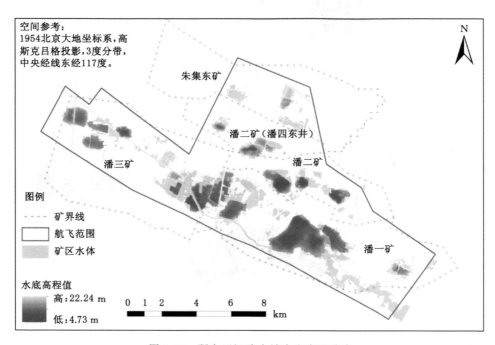

图 5-30 研究区沉陷水域水底高程分布

（2）谢桥矿区

对无人船实测的沉陷水域，经过 ArcMAP 栅格裁剪、使用 ArcScene 软件对水底地形进行渲染，渲染结果如图 5-31 至图 5-34 所示。由于水深数值相对于面积数值小得多，在三维显示时，对水深方向同样进行了 20 倍的拉伸，因此不能将三维显示结果直接等同于实际水深。

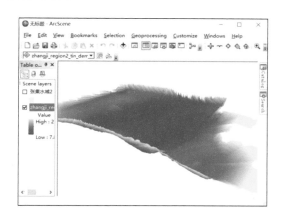

图 5-31　张集水域 2 水下三维地形

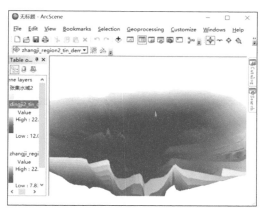

图 5-32　丁集水域 2 水下三维地形

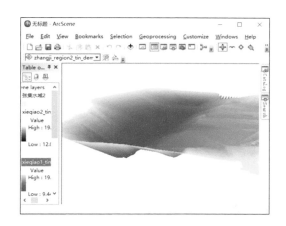

图 5-33 谢桥水域 1 水下三维地形

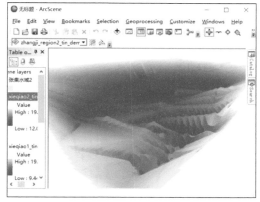

图 5-34　谢桥水域 2 水下三维地形

5.4　沉陷水域水资源量核算

5.4.1　基于无人船实测水深的丰水期与枯水期水资源量计算

利用无人船测量系统，可进行枯水期和丰水期的水资源量勘测。枯水期水资源核算主要采用 RTK 测量水面标高，并基于丰水期所获取的沉陷水域水下地面模型计算得到。枯水期沉陷水域水面标高现场工作如图 5-35 所示。

图 5-35　枯水期沉陷水域水面标高测量

　　根据无人船水深测量结果,选择可详细构建沉陷水域水下地形的区域,构建三维水下地形,并计算相应的水资源量。可以详细构建潘谢矿区水下地形的区域为潘谢矿区,其无人船实测沉陷水域分布如图 5-36、图 5-37 所示。

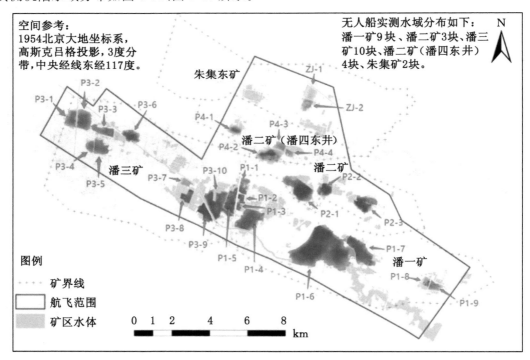

图 5-36　无人船实测沉陷水域分布图(潘集矿区)

　　在 ArcGIS 中利用掩模功能对水涯线范围内的水下 DEM 进行裁剪,利用体积计算功能进行水资源量计算,计算主要步骤界面如图 5-38 至图 5-41 所示。潘集矿区计算和统计结果如表 5-2 所示。利用无人船进行实测的水域,丰水期水域面积为 18 311 122. 12 m²,各

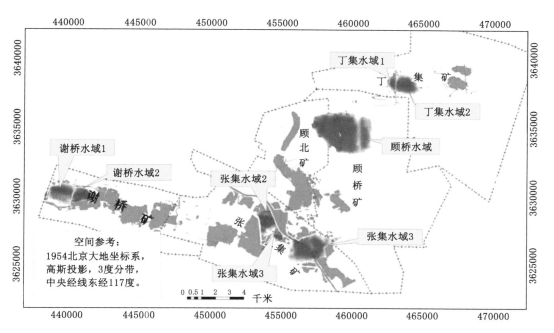

图 5-37　无人船实测沉陷水域分布图（谢桥矿区）

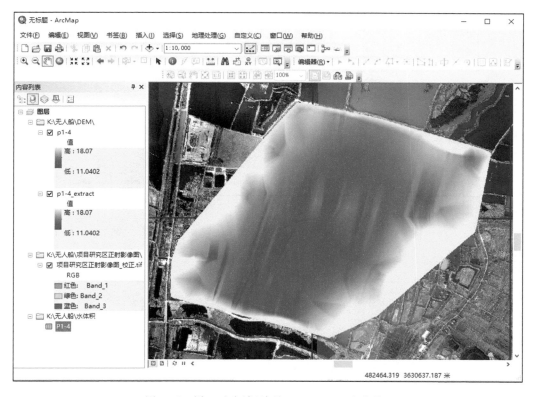

图 5-38　潘一矿水域（编号 P1-4）DEM（未裁剪）

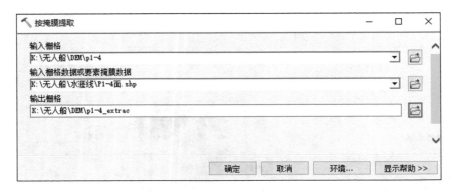

图 5-39　沉陷水域水下地形数据裁剪

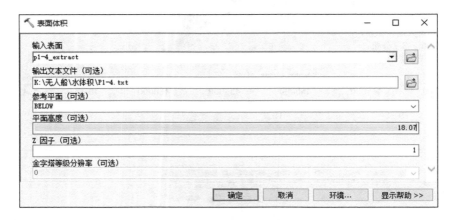

图 5-40　沉陷水域水资源量(水体积)计算

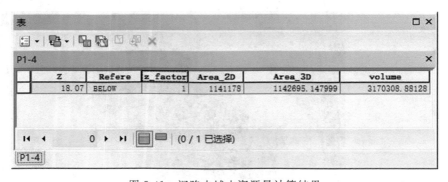

图 5-41　沉陷水域水资源量计算结果

沉陷水域平均水深范围为 1.04～5.62 m,水资源总量为 66 428 688.10 m³,约 0.664 亿 m³。谢桥矿区计算和统计结果如表 5-3 所示。利用无人船进行实测的水域,丰水期水域面积为 23 518 719.84 m²,水深为 3.10～5.48 m,水资源总量为 111 428 838.7 m³,约 1.1 亿 m³。

表5-2　沉陷水域丰水期无人船勘测水资源量计算结果（潘集矿区）

水域编号	平均水深/m	水资源量/m³	水域面积/m²
P1-1	1.45	955 798.10	351 568.60
P1-2	2.47	565 243.68	144 755.74
P1-3	2.56	293 570.47	97 534.95
P1-4	3.07	3 488 697.54	1 144 418.14
P1-5	4.21	2 514 445.19	595 967.99
P1-6	5.62	19 701 611.66	4 986 858.29
P1-7	3.89	4 724 057.09	1 230 930.09
P1-8	3.62	564 325.14	169 108.89
P1-9	3.31	996 308.63	288 425.16
P2-1	5.25	6 154 003.37	1 277 708.98
P2-2	4.25	1 999 014.31	458 928.09
P2-3	4.72	3 909 355.60	738 907.36
P3-1	3.80	1 028 339.65	484 050.85
P3-2	3.24	3 507 577.10	741 598.06
P3-3	1.69	972 041.46	485 785.98
P3-4	2.68	454 398.67	229 197.24
P3-5	2.59	1 274 856.83	525 998.35
P3-6	4.68	1 663 563.81	509 379.51
P3-7	1.04	148 519.86	180 872.45
P3-8	2.70	997 066.34	308 569.36
P3-9	5.45	1 777 328.75	425 648.26
P3-10	4.41	5 004 750.78	1 239 307.24
P4-1	3.64	1 105 488.18	359 334.51
P4-2	5.38	2 462 945.50	835 504.93
P4-3	2.73	619 808.78	292 087.61
P4-4	2.85	357 867.12	160 694.14
ZJ-1	2.00	367 301.75	339 986.28
ZJ-2	2.73	635 014.99	301 854.36
统计	3.43	66 428 688.10	18 311 122.12

表5-3　基于无人船实测水深的沉陷水域丰水期水资源量计算结果（谢桥矿区）

水域名称	平均水深/m	水资源量/m³	平面面积/m²
张集水域2	5.27	12 554 369.03	2 382 276.665
张集水域3	3.10	1 679 293.784	541 769.4466
张集水域1	3.97	16 797 062.39	4 234 662.119
张集水域4	4.72	7 750 351.38	1 640 527.243

表 5-3（续）

水域名称	平均水深/m	水资源量/m³	平面面积/m²
顾桥顾北合并	5.48	51 338 629.84	9 364 088.337
谢桥水域 1	3.62	7 422 605.042	2 052 101.964
谢桥水域 2	3.46	4 090 968.292	1 183 126.082
丁集水域 1	4.09	1 604 778.135	392 389.0956
丁集水域 2	4.74	8 190 780.814	1 727 778.883
统计	4.27	111 428 838.7	23 518 719.84

利用同样的方法,对枯水期的水资源量进行计算、统计,潘集矿区结果如表 5-4 所示,枯水期无人船实测水域,水域面积 18 904 981.42 m²,各沉陷水域平均水深范围为 0.4～5.15 m,水资源总量 58 307 282.29 m³,约 0.583 亿 m³。谢桥矿区结果如表 5-5 所示,枯水期无人船实测水域,水域面积 22 263 726.86 m²,水深 2.81～4.72 m,水资源总量 79 231 363.27 m³,约 0.79 亿 m³。

表 5-4　基于无人船实测水深的沉陷水域枯水期水资源量计算结果(潘集矿区)

水域编号	平均水深/m	水资源量/m³	水域面积/m²
P1-1	0.59	655 251.46	351 568.60
P1-2	1.53	429 780.79	144 755.74
P1-3	1.71	211 597.14	97 534.95
P1-4	2.79	3 170 308.88	1 144 418.14
P1-5	3.31	1 989 697.58	595 967.99
P1-6	5.15	17 357 617.99	4 986 858.29
P1-7	3.34	4 044 245.35	1 230 930.09
P1-8	2.86	437 153.96	169 108.89
P1-9	2.46	752 483.98	288 425.16
P2-1	5.12	5 988 512.49	1 277 708.98
P2-2	4.12	1 939 682.81	458 928.09
P2-3	4.08	3 438 719.44	738 907.36
P3-1	3.16	772 509.76	484 050.85
P3-2	2.60	3 034 355.34	741 598.06
P3-3	1.31	790 327.43	485 785.98
P3-4	2.04	325 632.38	229 197.24
P3-5	1.95	962 590.76	525 998.35
P3-6	4.04	1 380 782.62	509 379.51
P3-7	0.40	53 705.10	180 872.45
P3-8	2.18	837 470.09	308 569.36
P3-9	4.81	1524 908.16	425 648.26

表 5-4(续)

水域编号	平均水深/m	水资源量/m³	水域面积/m²
P3-10	3.51	3 895 103.49	1 239 307.24
P4-1	3.12	921 179.06	359 334.51
P4-2	4.74	2 011 566.76	835 504.93
P4-3	2.09	452 277.32	292 087.61
P4-4	2.21	262 596.80	160 694.14
ZJ-1	1.36	207 030.16	339 986.28
ZJ-2	2.09	460 195.18	301 854.36
统计	2.81	58 307 282.29	18 904 981.42

表 5-5　基于无人船实测水深的沉陷水域枯水期水资源量计算结果(谢桥矿区)

水域名称	平均水深/m	水资源量/m³	平面面积/m²
张集水域 2	3.57	6 292 422.65	1 761 566.11
张集水域 3	3.02	1 171 266.95	387 567.81
张集水域 1	3.12	11 659 223.28	3 737 912.347
张集水域 4	4.72	7 690 392.52	1 630 225.56
顾桥顾北合并	3.56	34 632 516.87	9 733 281.29
谢桥水域 1	3.14	6 242 574.92	1 985 711.71
谢桥水域 2	2.81	3 301 967.67	1 175 947.74
丁集水域 1	3.82	1 270 796.53	332 547.36
丁集水域 2	4.59	6 970 201.88	1 518 966.93
统计	3.59	79 231 363.27	22 263 726.86

5.4.2　基于实地调查水深的丰水期与枯水期水资源量计算

对于不具备无人船测量条件的沉陷水域,可采用实地调查的方法获取平均水深和最大水深等数据,然后将调查数据导入 GIS 软件的图层中,用平均水深乘以水域面积即可求得相应水域的水资源量。

经计算,潘集矿区丰水期实地调查水域水资源量为 22 908 720.49 m³,约 0.229 亿 m³,见表 5-6。谢桥矿区丰水期实地调查水域水资源量为 117 782 102.45 m³,约 1.18 亿 m³,见表 5-7。对调研水域进行了制图,如图 5-42 所示。

表 5-6　基于实地调查水深的沉陷水域丰水期水资源量计算(潘集矿区)

水域编号	面积/m²	平均水深/m	水量/m³
ZJ-3	9 478	3.00	28 434.00
ZJ-4	5 731	2.50	14 327.50
ZJ-5	24 930	2.00	49 860.00
P3-11	11 265	1.50	16 897.50

表 5-6（续）

水域编号	面积/m²	平均水深/m	水量/m³
P3-12	10 971	2.00	21 942.00
P3-13	9 305	3.00	27 915.00
P3-14	10 244	2.50	25 610.00
P3-15	14 398	3.00	43 194.00
P3-16	5 090	2.50	12 725.00
P3-17	7 753	2.00	15 506.00
P3-18	10 488	2.00	20 976.00
P3-19	11 151	3.00	33 453.00
P3-20	10 447	2.50	26 117.50
P3-21	11 647	3.00	34 941.00
P3-22	15 036	3.00	45 108.00
P3-23	15 135	2.00	30 270.00
P3-24	14 509	3.00	43 527.00
P3-25	12 940	4.00	51 760.00
P3-26	14 156	5.00	70 780.00
P3-27	14 776	4.00	59 104.00
P3-28	29 038	3.50	101 633.00
P3-29	38 643	2.00	77 286.00
P3-30	5 788	2.00	11 576.00
P3-31	35 853	2.00	71 706.00
P3-32	23 006	3.50	80 521.00
P3-33	22 549	3.00	67 647.00
P3-34	27 951	2.00	55 902.00
P3-35	66 831	3.00	200 493.00
P3-36	31 068	3.50	108 738.00
P3-37	25 580	3.50	89 530.00
P3-38	53 978	2.00	107 956.00
P3-39	27 824	3.50	97 384.00
P3-40	11 376	3.00	34 128.00
P3-41	8 139	2.00	16 278.00
P3-42	10 386	2.50	25 965.00
P3-43	5 253	3.50	18 385.50
P3-44	11 363	3.50	39 770.50
P3-45	8 873	3.00	26 619.00
P3-46	10 826	3.00	32 478.00
P3-47	10 445	3.50	36 557.50

表 5-6（续）

水域编号	面积/m²	平均水深/m	水量/m³
P3-48	39 540	2.00	79 080.00
P3-49	24 539	2.00	49 078.00
P3-50	9 001	2.00	18 002.00
P3-51	55 160	2.00	110 320.00
P3-52	11 537	2.00	23 074.00
P3-53	5 175	2.00	10 350.00
P3-54	358 463	3.00	1 075 390.14
P1-10	1 024 893	3.50	3 587 125.76
P2-4	265 015	5.00	1 325 079.60
P4-5	220 626	3.00	661 878.00
ZJ-6	497 886	3.00	1 493 659.32
ZJ-7	971 272	2.50	2 428 181.81
P3-55	217 466	2.5	543 665.91
P1-11	870 414	3.0	2 611 244.52
P3-56	266 546	2.5	666 365.53
P3-57	566 951	2.5	1 417 379.52
P2-5	176 908	3.0	530 726.68
P2-6	133 966	3.0	401 898.16
P2-7	570 501	3.0	1 711 504.18
P1-12	408 291	3.0	1 224 875.44
P1-13	322 280	3.0	966 840.92
统计	7 720 650	2.8	22 908 720.49

表 5-7　基于实地调查水深的沉陷水域丰水期水资源量估算结果（谢桥矿区）

编号	面积/m²	平均水深/m	水量/m³
14	4 647 339.042	4	18 589 356.17
22	1 734 898.534	8	13 879 188.27
8	1 542 262.882	8	12 338 103.05
20	2 310 606.837	5	11 553 034.18
19	2 043 840.562	4	8 175 362.247
1	1 628 154.809	5	8 140 774.043
18	1 377 857.153	5	6 889 285.767
5	1 399 759.652	4	5 599 038.61
21	1 098 091.111	5	5 490 455.557
27	1 304 249.08	4	5 216 996.321
17	933 997.4649	4	3 735 989.86
4	459 475.8043	5	2 297 379.022
6	2 069 909.031	1	2 069 909.031

表 5-7(续)

编号	面积/m²	平均水深/m	水量/m³
11	506 718.935 1	4	2 026 875.741
24	939 413.340 2	2	1 878 826.68
10	448 284.614 2	4	1 793 138.457
9	341 120.239	4	1 364 480.956
13	222 901.276 5	5	1 114 506.383
16	273 087.105 4	4	1 092 348.421
12	241 245.858 3	4	964 983.433 3
15	189 833.128 6	4	759 332.514 6
23	144 477.874 2	4	577 911.496 8
25	271 115.556 2	2	542 231.112 4
26	204 751.192 1	2	409 502.384 1
2	403 190.714 2	1	403 190.714 2
3	286 598.265 4	1	286 598.265 4
7	214 815.357 5	1	214 815.357 5
14	190 590.016 2	1	190 590.016 2
22	93 949.193 17	2	187 898.386 3
统计	27 522 534.63	3.7	117 782 102.45

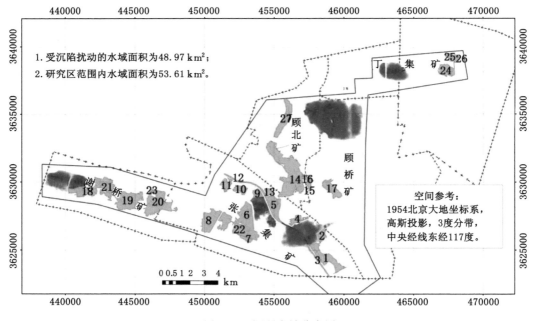

图 5-42 调研水域分布图

用相同的方法对枯水期实地调查水域的水资源量进行了计算,潘集矿区计算结果如表 5-8 所示,枯水期调查水域水资源量 18 703 670.28 m³,约 0.187 亿 m³。谢桥矿区计算结果如表 5-9 所示,枯水期调查水域水资源量 93 653 055.40 m³,约 0.94 亿 m³。

表 5-8　基于实地调查水深的沉陷水域枯水期水资源量计算(潘集矿区)

水域编号	面积/m²	平均水深/m	水量/m³
ZJ-3	9 478	2.4	22 557.64
ZJ-4	5 731	1.9	10 774.28
ZJ-5	24 930	1.4	34 403.4
P3-11	11 265	0.9	9 913.2
P3-12	10 971	1.4	15 139.98
P3-13	9 305	2.4	22 145.9
P3-14	10 244	1.9	19 258.72
P3-15	14 398	2.4	34 267.24
P3-16	5 090	1.9	9 569.2
P3-17	7 753	1.4	10 699.14
P3-18	10 488	1.4	14 473.44
P3-19	11 151	2.4	26 539.38
P3-20	10 447	1.9	19 640.36
P3-21	11 647	2.4	27 719.86
P3-22	15 036	2.4	35 785.68
P3-23	15 135	1.4	20 886.3
P3-24	14 509	2.4	34 531.42
P3-25	12 940	3.4	43 737.2
P3-26	14 156	4.4	62 003.28
P3-27	14 776	3.4	49 942.88
P3-28	29 038	2.9	83 629.44
P3-29	38 643	1.4	53 327.34
P3-30	5 788	1.4	7 987.44
P3-31	35 853	1.4	49 477.14
P3-32	23 006	2.9	66 257.28
P3-33	22 549	2.4	53 666.62
P3-34	27 951	1.4	38 572.38
P3-35	66 831	2.4	159 057.78
P3-36	31 068	2.9	89 475.84
P3-37	25 580	2.9	73 670.4
P3-38	53 978	1.4	74 489.64
P3-39	27 824	2.9	80 133.12
P3-40	11 376	2.4	27 074.88

表 5-8(续)

水域编号	面积/m²	平均水深/m	水量/m³
P3-41	8 139	1.4	11 231.82
P3-42	10 386	1.9	19 525.68
P3-43	5 253	2.9	15 128.64
P3-44	11 363	2.9	32 725.44
P3-45	8 873	2.4	21 117.74
P3-46	10 826	2.4	25 765.88
P3-47	10 445	2.9	30 081.6
P3-48	39 540	1.4	54 565.2
P3-49	24 539	1.4	33 863.82
P3-50	9 001	1.4	12 421.38
P3-51	55 160	1.4	76 120.8
P3-52	11 537	1.4	15 921.06
P3-53	5 175	1.4	7 141.5
P3-54	358 463	2.5	896 158.45
P1-10	1 024 893	3.0	3 074 679.225
P2-4	265 015	4.0	1 060 063.68
P4-5	220 626	2.0	441 252
ZJ-6	497 886	2.5	1 244 716.1
ZJ-7	971 272	2.0	1 942 545.45
P3-55	217 466	2.0	434 932.73
P1-11	870 414	2.5	2 176 037.10
P3-56	266 546	2.0	533 092.42
P3-57	566 951	2.0	1 133 903.61
P2-5	176 908	2.5	442 272.24
P2-6	133 966	2.5	334 915.14
P2-7	570 501	2.5	1 426 253.48
P1-12	408 291	2.5	1 020 729.53
P1-13	322 280	2.5	805 700.77
统计	7 720 650	2.2	18 703 670.28

表 5-9 基于实地调查水深的沉陷水域枯水期水资源量估算结果(谢桥矿区)

编号	面积/m²	平均水深/m	水量/m³
1	1 628 154.81	4	6 512 619.23
2	459 475.804	4	1 837 903.22
3	1 399 759.65	3	4 199 278.96
4	1 542 262.88	7	10 795 840.2

表 5-9(续)

水域编号	面积/m²	平均水深/m	水量/m³
5	341 120.239	3	1 023 360.72
6	448 284.614	3	1 344 853.84
7	506 718.935	3	1 520 156.81
8	241 245.858	3	723 737.575
9	222 901.277	4	891 605.106
10	4 647 339.04	3	13 942 017.1
11	189 833.129	3	569 499.386
12	273 087.105	3	819 261.316
13	933 997.465	3	2 801 992.39
14	1 377 857.15	4.5	6 200 357.19
15	2 043 840.56	3.5	7 153 441.97
16	2 310 606.84	4.5	10 397 730.8
17	1 098 091.11	4.5	4 941 410
18	1 734 898.53	7	12 144 289.7
19	144 477.874	3.5	505 672.56
20	939 413.34	1	939 413.34
21	271 115.556	1	271 115.556
22	204 751.192	1	204 751.192
23	1 304 249.08	3	3 912 747.24
统计	24 263 482.04	3.5	93 653 055.40

5.4.3　实地调查与无人船实测沉陷水域面积统计

通过实地调查与无人船实测,潘集矿区沉陷水域面积统计结果如表 5-10 所示。

表 5-10　潘集矿区沉陷水域面积统计结果

矿　井　名　称	无人船实测 沉陷水域面积/km²	实地调查 沉陷水域面积/km²	沉陷水域总面积 /km²
潘一矿(含潘一东)	9.00	2.63	11.63
潘二矿	2.47	1.15	3.62
潘三矿	5.14	2.21	7.35
潘二矿(潘四东井)	1.65	0.22	1.87
朱集东矿	0.64	1.52	2.16
合　计	18.90	7.73	26.63

5.5　本章小结

（1）利用无人船测量系统完成了潘谢矿区具备无人船测量条件的沉陷水域的水下地形测量工作，无人船航线总长度为 198 km。

（2）对不具备无人船测量条件的沉陷水域水深进行了实地调查和沉陷水域边界拐点坐标测量；基于无人船监测数据，进行了沉陷水域水下 DEM 要素的提取和水下地形三维建模。

（3）利用无人船进行实测的水域，潘集矿区丰水期水域面积为 18 311 122.12 m^2，各沉陷水域平均水深范围为 1.04～5.62 m，水资源总量为 66 428 688.10 m^3，约为 0.664 亿 m^3。谢桥矿区丰水期水域面积为 23 518 719.84 m^2，水深 3.10～5.48 m，水资源总量为 111 428 838.7 m^3，约为 1.1 亿 m^3。

（4）通过实地调查与无人船实测，潘集矿区沉陷水域总面积为 26.63 km^2。其中，实地调查沉陷水域面积为 7.73 km^2，无人船实测沉陷水域面积为 18.90 km^2。

第 6 章　沉陷区水域生态现状调查评价

6.1　研究区概述

高潜水位采煤沉陷区由于采煤活动导致大面积积水,从而形成了相对独立或与外界连通的沉陷水域,改变了原有生态系统的结构和功能。通过对不同类型的沉陷水域进行一个完整周期的水质指标和水质特征的研究,有助于系统了解沉陷水域的水质变化情况,对采煤沉陷区水环境的治理和预防有一定的指导意义。

针对采煤沉陷水域,目前国内外学者研究内容主要集中在:① 主要通过现代技术对沉陷区的水质进行监测,分析了采矿对淡水环境的影响并提出了相应的管理措施;② 以采煤活动引起的地形沉降所形成的人为水库为研究对象,研究了这些水库在水文、地形地貌、生物、美学等方面具有的不同景观作用;③ 以沉陷水域微生物为研究对象,研究水体中微生物群落以及浮游动植物、底栖动物的多样性,揭示水体生境变化规律;④ 基于活跃矿区和废弃矿区的长期水质数据集,对矿井水与环境的研究现状进行综述。

选取潘集矿区沉陷水域进行生态环境质量调查,分析研究浮游动植物、底栖生物以及微生物群落组成,获得水生态系统结构和功能的关键特征,构建科学的生态评价指标体系,对生态环境质量评价进行主要影响因素识别,为沉陷水域生态功能区域划分提供数据支撑。

6.2　数据获取

采用现场调查、样品采集、水质检测以及微生物群落、浮游动植物和底栖动物多样性分析等方法对潘集沉陷水域生态现状进行调查评价,采样工作内容如表 6-1 所示。

表 6-1　采样工作内容

采样时间	工作内容	完 成 情 况
2021 年 1 月	现场调研 第一次样品采集	完成沉陷水域现状调查,并进行 11 个点位水样、底泥、浮游植物、浮游动物、底栖动物的采集
2021 年 2 月	水样理化指标检测	完成水质指标 NH_4^+、PO_4^{3-}、CODcr、TN、TP、阳离子(K^+、Na^+、Ca^{2+}、Mg^{2+})、阴离子(F^-、SO_4^{2-}、NO_3^-、Cl^-)等的检测
2021 年 3—4 月	水样、底泥、水生态指标检测多样性检测	完成水样、底泥、浮游植物、浮游动物、底栖动物的检测
2021 年 5 月	第二次样品采集	完成 11 个点位水样、底泥、浮游植物、浮游动物、底栖动物的采集

表 6-1（续）

采样时间	工作内容	完成情况
2021 年 6 月	水样理化指标检测；水样、底泥、水生态指标检测；多样性检测	完成水质指标 NH_4^+、PO_4^{3-}、COD_{cr}、TN、TP、阳离子（K^+、Na^+、Ca^{2+}、Mg^{2+}）、阴离子（F^-、SO_4^{2-}、NO_3^-、Cl^-）等检测和样、底泥、浮游植物、浮游动物、底栖动物检测

注：COD_{cr} 指重铬酸盐指数；TN 指总氮；TP 指总磷。

1. 现场调查

依据《采煤塌陷区水资源环境的调查和评价》（GB/T 37574-2019）进行现场调查，主要包括沉陷区的影响因素调查、污染源调查、点位布设等，现场调查见图 6-1。

通过对潘集沉陷区的现场调查和资料收集，污染源状况如下：

（1）塌陷区周围人口分布较分散，周围无大型高污染企业，基本上无集中工业污染源。

（2）生活污染源包括塌陷区周围居民的少量生活污水以及矿区工业广场排放的处理后达标的部分生活污水，个别沉陷水域有少量矿井水直接排放。

（3）农业污染源主要是农业生产施用化肥、农药而产生的农业面源污染。

根据现场调查，目前各沉陷水域主要用于村民自发开展的渔业养殖，部分水域已作为周围农田的灌溉水源。

（a）沉陷水域周围垃圾　　　　　　　　　（b）沉陷水域点源排放

图 6-1　研究区部分塌陷水域及周边状况

2. 样品采集

在项目研究中，主要对位于淮南境内两种不同类型的采煤沉陷水域进行枯水期和丰水期的水质样品采集，同时采集研究区各点位的底泥、微生物、浮游动植物、底栖动物等。选取典型的封闭型采煤沉陷区——顾桥（GQ1、GQ2、GQ3）、谢家集（XJJ1、XJJ2、XJJ3）、潘集（PJ1、PJ2、PJ3）；选取典型的开放型采煤沉陷区——泥河天然水域（D1～D5）、养殖区水域（K1～K5）和光伏水域（D11）。

采样点位布设如图 6-2 所示，采样地理坐标见表 6-2。

2021 年 1 月 24 日，进行了潘集煤矿沉陷水域枯水期的样品采集工作，现场采样工作如图 6-3 所示。

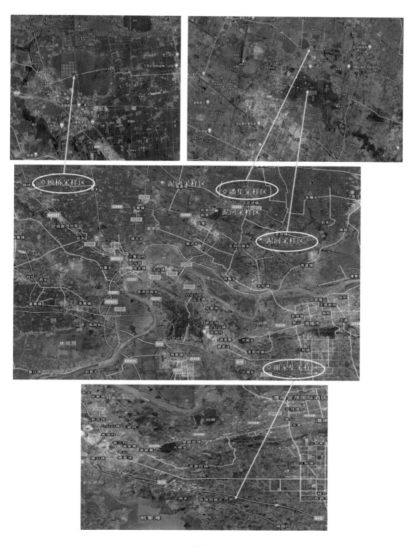

图 6-2　采样点位布设

(a) (b) (c) (d)

图 6-3　枯水期采样工作现场照片

表 6-2　采样点位经纬度坐标

沉陷类型	沉陷区	采样点编号	纬度	经度
封闭型沉陷水域	顾桥	GQ1	N32°49′58.02″	E116°34′4.57″
		GQ2	N32°49′55.75″	E116°34′4.98″
		GQ3	N32°49′52.18″	E116°33′49.35″
	谢家集	XJJ1	N32°32′45.30″	E116°56′3.65″
		XJJ2	N32°32′47.99″	E116°55′49.52″
		XJJ3	N32°37′3.04″	E116°53′31.98″
	潘集	PJ1	N32°49′2.93″	E116°51′30.78″
		PJ2	N32°49′1.20″	E116°51′27.61″
		PJ3	N32°49′10.98″	E116°51′40.02″
开放型沉陷水域	泥河上游（天然水域）	D1	N32°49′54.39″	E116°45′38.74″
		D2	N32°49′15.93″	E116°46′47.31″
		D3	N32°48′56.95″	E116°46′58.11″
		D4	N32°47′9.97″	E116°49′26.76″
		D5	N32°47′11.67″	E116°50′3.71″
	泥河中游（养殖区水域）	K1	N32°47′27.21″	E116°50′28.85″
		K2	N32°47′44.85″	E116°50′48.13″
		K3	N32°47′46.63″	E116°51′10.96″
		K4	N32°47′33.11″	E116°51′14.66″
		K5	N32°47′22.49″	E116°50′51.52″
	泥河下游（光伏水域）	D11	N32°44′48.63″	E116°55′7.08″

2021 年 5 月 2 日，进行了潘集煤矿沉陷水域丰水期的样品采集，现场采样工作如图 6-4 所示。

（a）　　　　　　　（b）　　　　　　　（c）　　　　　　　（d）

图 6-4　丰水期现场采样工作照片

3. 水质检测

（1）样品预处理

对现场采集的水样，原水样用来抽滤，测量水中阴阳离子；加酸固定用于室内指标检测；加碳酸镁固定用于叶绿素的检测；加鲁哥试剂用于浮游植物的固定与富集；加福尔马林固定用于浮游动物、底栖动物的检测。另外，少量水样、底泥放冰箱冷冻保存，用于测量微生物多样性。

（2）环境指标选择

根据研究内容选择如下检测指标。

现场水样指标：pH、TDS、EC、ORP、DO、T、H、SD。

室内测试水样指标：NH_4^+、PO_4^{3-}、COD、TN、TP、阳离子、阴离子。

生物检测指标：水样微生物多样性、底泥微生物多样性以及浮游植物、浮游动物、底栖动物的种属及多样性。

（3）检测方法

水质理化性质检测方法，如表 6-3 所示。水样理化性质检测如图 6-5 所示。

表 6-3 水质理化性质分析检测

类别	测试指标	检测方法	样品数量
物理指标	pH、TDS、EC、ORP、DO、T、H、SD	便携式仪器	11×8（指标数）
化学指标	NH_4^+	纳氏试剂分光光度法	11
	PO_4^{3-}	钼酸盐分光光度法	11
	COD	重铬酸钾法	11
	TN	碱性过硫酸钾消解紫外分光光度法	11
	TP	钼酸盐分光光度法	11
	阳离子（K^+、Na^+、Ca^{2+}、Mg^{2+}）	离子色谱法	11
	阴离子（F^-、SO_4^{2-}、NO_3^-、Cl^-）	离子色谱法	11

(a)　　　　　　(b)　　　　　　(c)　　　　　　(d)

图 6-5 水样理化性质检测

4. 生物样品检测

针对生物指标，主要对水体中微生物群落、浮游动物、浮游植物以及底栖动物进行多样性检测，使用的检测方法如下所示：

（1）微生物检测

利用 Illumina MiSeq 高通量测序技术对水体样品中的微生物进行测序。此工程由上海派森诺生物科技有限公司完成。采用 MoBio/QIAGEN 公司的 DNeasy PowerSoil Kit 对城市内河水体中的微生物总 DNA 基因组进行提取。采用荧光分光光度计（Quantifluor-ST fluorometer，Promega，E6090；Quant-iT PicoGreen dsDNA Assay Kit，Invitrogen，P7589），在 260 nm 和 280 nm 处分别测定 DNA 的吸光值，检测 DNA 的浓度，并用 1% 的琼脂糖凝胶电泳检测 DNA 的质量。调整 DNA 溶液浓度，DNA 工作液保存于 4 ℃环境，储存液保存于 −20 ℃环境。高通量测序采用引物 F（ACTCCTACGGGAGGCAGCA）和 R（CG-GACTACHVGGGTWTCTAAT）扩增城市内河水体微生物细菌的 16S rRNA 基因 V3—V4 区域。PCR 扩增首先对 16S rRNA 基因可变区进行扩增、纯化并用 Bio Tek 酶标仪检测。最终得到每个扩增序列变体（amplicon sequence variants，ASVs）代表序列的分类学信息。

（2）浮游植物检测

浮游植物又称浮游藻类，它们是悬浮于水中生活的微小藻类植物。浮游植物含有叶绿素，能利用光能进行光合作用，将无机物转变为有机物，供其他消费性生物利用，所以它们在水生态系统中具有重要地位。浮游植物的调查包括定性（种类组成）和定量（数量、生物量）的调查。

① 样品鉴定、计数

使用浮游生物计数框对浮游植物细胞进行计数，计数方法采用视野法。预先测定所使用光学显微镜在 40 倍物镜下的视野直径（D＝505 μm），故视野面积为：

$$S = \frac{\pi D^2}{4} = 192\ 442\mu\text{m}^2 \tag{6-1}$$

每个浮游植物种类至少测量足够数量的个体（一般 30 个）的长、宽、厚，根据相应几何形状计算出平均体积。

② 现存量计算

a. 密度计算

浮游植物密度结果用"个/升"表示，把计数所得结果按下式换算成每升水中浮游植物的数量：

$$N = \frac{A}{A_c} \times \frac{V_w}{V} n \tag{6-2}$$

式中　N——每升水中浮游植物/原生动物/轮虫的数量，个/L；

　　　A——计数框面积，mm^2；

　　　A_c——计数面积，mm^2，即视野面积×视野数；

　　　V_w——1 L 水样经沉淀浓缩后的样品体积，mL；

　　　V——计数框体积，mL；

　　　n——计数所得的浮游植物的个体数或细胞数/原生动物或轮虫个体数。

b. 生物量计算

浮游生物计算结果用"mg/L"表示。

藻类比重接近 1，故可直接由藻类体积换算为生物量（湿重）。生物量为各种藻类数量乘以各自平均体积。

藻类体积在要求不高时可根据现成资料换算。当需按体积法计算时,根据藻类体型按最近几何形状测量必要量度,然后按求体积的公式计算出体积。有的藻类几何形状特殊,可分解为几个部分,分别按相似图形求算后相加。

（3）浮游动物检测

① 鉴定

a. 原生动物和轮虫

将采集的轮虫定量样品在室内继续浓缩到 30 mL,摇匀后取 1 mL 置于 1 mL 的计数框中,盖上盖玻片后在 10×10 倍的显微镜下全片计数,每个样品计数 2 片;同一样品的计数结果与均值之差不得高于 15%,否则增加计数次数。定性样品摇匀后取 1 mL 置于 1 mL 的计数框中,盖上盖玻片后在 10×10 倍的显微镜下全片计数原生动物和轮虫种类数。

b. 枝角类和桡足类

将采集的枝角类和桡足类定量样品在室内浓缩到 30 mL,摇匀后取 5 mL 置于 5 mL 的计数框中,在 4×10 倍的显微镜下全片计数,全瓶计数。定性样品先用 1 mL 或者 5 mL 计数框进行种类统计,个别种类需在解剖镜下解剖后检测种类,或在解剖镜下挑选出来置于载玻片上,盖上盖玻片后用压片法在显微镜下鉴定其种类。

② 现存量计算

a. 密度计算

$$D_{原、轮} = \frac{N_1}{V_n} \times V_1 \qquad (6\text{-}3)$$

式中　N_1——计数出的原生动物或轮虫个数;

　　　V_n——计数所用体积,mL;

　　　V_1——1 L 水样经沉淀浓缩后的体积,mL。

$$D_{枝、桡} = \frac{N_2}{V_2} \qquad (6\text{-}4)$$

式中　N_2——计数出的枝角类或桡足类个数;

　　　V_2——水样总体积,L。

b. 生物量计算

浮游动物个体平均湿重的经验值依据《淡水浮游动物的定量方法》(黄祥飞,1982)所得,如表 6-4 所示,其与密度的乘积即生物量。

表 6-4　浮游动物各类群个体平均湿重

类　　群	个体平均湿重/mg
原生动物	0.000 05
轮虫	0.001 2
枝角类	0.02
桡足类	0.007
无节幼体	0.003

注:引自《淡水浮游动物的定量方法》(黄祥飞,1982)

（4）底栖动物检测

① 鉴定和计量

鉴定：软体动物鉴定到种，水生昆虫（除摇蚊幼虫）至少到科；寡毛类和摇蚊幼虫至少到属。对于疑难种类应有固定标本，以便进一步分析鉴定。水栖寡毛类和摇蚊幼虫等鉴定时需制片后在解剖镜或显微镜下观察，一般用甘油做透明剂。如需保留制片，可用加拿大树胶或普氏胶等封片。

计量：按不同种类准确地统计个体数（损坏标本一般只统计头部），包括每种的数量和总数量。小型种类如寡毛类、摇蚊幼虫等，将它们从保存剂中取出，放在吸水纸上以吸去附着水分，然后置于电子天平（精度为 0.000 1 g）上称重，其数据代表固定后的湿重。大型种类如螺、蚌等，分拣后用电子天平或托盘天平称重即可。其数值为带壳湿重，记录时应加以说明。

② 现存量计算

a. 密度计算：底栖动物（图 6-6）实测个体总数量除以采样总面积，即可得该种类的密度（个/m²）。

b. 生物量计算：底栖动物实测总质量除以采样总面积，即可得该种类的生物量（g/m²）。

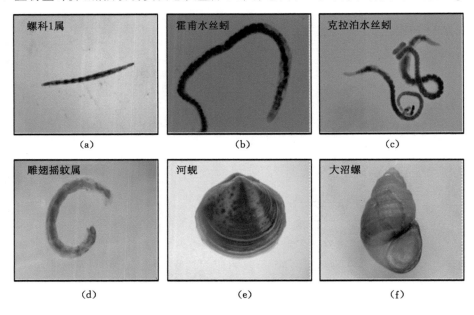

图 6-6　部分底栖动物种类示意图

6.3　水环境质量时空变化特征

6.3.1　水质检测结果

枯水期封闭型和开放型沉陷区水质检测结果分别见表 6-5 和表 6-6，丰水期封闭型和开放型沉陷区水质检测结果分别见表 6-7 和表 6-8。

表 6-5　枯水期封闭型沉陷区水质检测结果

点位	T/℃	pH	DO/(mg/L)	EC	ORP/mV	COD/(mg/L)	BOD5/(mg/L)	TN/(mg/L)	NO_3^-/(mg/L)	NO_2^-/(mg/L)	NH_4^+/(mg/L)	TP/(mg/L)	Chla/(mg/m³)
GQ1	8.3	9.62	13.5	1 217	189	27.64	5.5	1.48	1.474	0.008	1.18	0.14	0.21
GQ2	7.9	9.45	11.0	1 227	156	39.28	5.3	1.87	0.707	0.025	1.45	0.31	0.22
GQ3	8.9	9.52	10.9	1 120	176	44.94	5.9	1.35	1.125	0.013	1.14	0.26	0.11
XJJ1	2.8	9.14	7.3	497	183	47.24	1.6	1.03	0.115	0.006	1.23	0.31	0.63
XJJ2	9.7	9.18	8.5	509	129	47.94	1.5	1.26	0.359	0.006	1.26	0.23	0.62
XJJ3	0.5	9.08	6.0	514	195	45.68	2.3	1.23	0.045	0.007	1.30	0.16	0.28
PJ1	9.9	8.95	8.9	506	179	44.66	2.1	1.27	0.045	0.003	1.13	0.23	0.72
PJ2	10.2	8.91	7.9	524	196	42.44	2.6	1.48	0.080	0.004	1.05	0.26	0.27
PJ3	8.9	9.05	9.5	536	193	46.50	3.5	1.18	0.010	0.004	1.05	0.36	0.21

注:Chla 表示叶绿素 a 密度,下同。

表 6-6　枯水期开放型沉陷区水质检测结果

点位	T/℃	pH	DO/(mg/L)	EC	ORP/mV	COD/(mg/L)	BOD5/(mg/L)	TN/(mg/L)	NO_3^-/(mg/L)	NO_2^-/(mg/L)	NH_4^+/(mg/L)	TP/(mg/L)	Chla/(mg/m³)
D1	6.5	8.57	12.3	861	221	44	9	1.52	0.250	0.031	0.697	0.045	1.83
D2	6.6	8.29	9.2	935	223	39	7.8	2.85	0.156	0.029	0.589	0.055	1.56
D3	6.8	8.85	13.8	900	210	60	7.9	3.21	0.062	0.090	0.182	0.113	1.96
D4	6.9	8.58	9.3	948	212	112	7.3	1.38	0.234	0.324	0.592	0.132	7.31
D5	7.2	8.45	10.9	1 034	213	181	8.1	1.67	0.375	0.057	2.84	0.110	3.04
D11	6.0	8.45	5.8	1 056	213	99	8.2	1.85	0.172	0.049	0.497	0.084	1.63
K1	5.8	8.89	13.8	928	224	49	7.3	2.05	0.203	0.038	1.16	0.145	2.98
K2	6.6	8.89	8.3	920	223	15	9.08	3.21	1.218	0.363	0.566	0.152	6.26
K3	6.7	8.78	9.1	971	225	16	10	2.17	0.344	0.411	0.847	0.148	4.15
K4	6.5	8.58	9.4	997	224	15	8.7	3.37	0.234	0.038	0.582	0.171	2.78
K5	6.6	8.84	10.2	924	213	20	12.9	3.82	0.109	0.045	0.752	0.135	1.82

表 6-7　丰水期封闭型沉陷区水质检测结果

采样点编号	T/℃	pH	DO/(mg/L)	EC	ORP/mV	COD/(mg/L)	BOD5/(mg/L)	TN/(mg/L)	NO_3^-/(mg/L)	NO_2^-/(mg/L)	NH_4^+/(mg/L)	TP/(mg/L)	Chla/(mg/m³)
GQ1	28.3	8.62	8.4	550	308	43.80	5.8	1.51	0.394	0.003	1.33	1.08	4.24
GQ2	27.9	8.45	7.8	540	272	41.62	5.5	1.58	0.429	0.003	1.36	1.06	3.26
GQ3	28.9	8.80	8.2	502	217	45.92	5.3	1.52	0.394	0.007	1.41	1.01	4.25
XJJ1	32.8	8.81	6.0	535	199	46.20	2.5	1.54	0.006	0.115	1.10	0.51	5.79
XJJ2	29.7	9.08	6.0	514	195	47.42	2.4	1.54	0.006	0.359	1.28	0.69	5.53
XJJ3	30.5	9.25	6.7	490	209	47.94	2.2	1.41	0.006	0.045	1.26	0.54	5.59

表 6-7(续)

采样点编号	T/℃	pH	DO/(mg/L)	EC	ORP/mV	COD/(mg/L)	BOD5/(mg/L)	TN/(mg/L)	NO₃⁻/(mg/L)	NO₂⁻/(mg/L)	NH₄⁺/(mg/L)	TP/(mg/L)	Chla/(mg/m³)
PJ1	29.9	8.91	7.9	524	196	47.74	0.8	1.34	0.004	0.080	1.07	0.31	6.48
PJ2	30.2	8.84	6.4	531	205	44.66	1.5	1.31	0.004	0.010	1.13	0.34	4.37
PJ3	28.9	9.03	7.4	445	222	42.78	0.8	1.37	0.005	0.150	1.13	0.20	3.93

表 6-8　丰水期开放型沉陷区水质检测结果

采样点编号	T/℃	pH	DO/(mg/L)	EC	ORP/mV	COD/(mg/L)	BOD5/(mg/L)	TN/(mg/L)	NO₃⁻/(mg/L)	NO₂⁻/(mg/L)	NH₄⁺/(mg/L)	TP/(mg/L)	Chla/(mg/m³)
D1	20.5	8.38	10.9	987	120	71.80	9.7	0.539	0.103	0.270	20.5	10.9	8.38
D2	20.5	7.4	11.5	1 231	140	64.20	6.3	0.285	0.077	0.031	20.5	11.5	7.4
D3	23	7.63	6.5	1 252	140	95.40	1.9	0.722	0.724	0.034	23	6.5	7.63
D4	21.9	8.53	9.1	820	138	29.40	3.1	0.636	0.146	0.045	21.9	9.1	8.53
D5	23	8.09	5.7	829	120	58.20	1.7	0.349	0.137	0.047	23	5.7	8.09
D11	23	8.7	10.1	831	113	75.80	6.6	0.443	0.172	0.164	23	10.1	8.7
K1	19.3	8.82	12.2	953	147	59.00	8.5	0.917	0.431	0.030	19.3	12.2	8.82
K2	19.1	8.36	10.7	953	145	59.00	7.1	0.327	0.379	0.302	19.1	10.7	8.36
K3	18.5	8.75	9.5	1 014	120	70.20	5.8	0.560	0.307	0.324	18.5	9.5	8.75
K4	19.2	8.66	11.3	956	116	68.20	8.2	0.443	0.206	0.043	19.2	11.3	8.66
K5	18.6	8.33	10.1	919	116	67.00	6.5	0.544	0.180	0.167	18.6	10.1	8.33

6.3.2　水质时空变化特征

（1）溶解氧（DO）

冬季研究区域水体中溶解氧浓度维持在 5.8～13.8 mg/L 之间，开放型水域水体溶解氧平均浓度为 10.21 mg/L，高于封闭型水域水体溶氧平均值 9.28 mg/L，封闭型沉陷水域中顾桥 DO 平均含量高于另两个沉陷水域，为 11.8 mg/L[图 6-7(a)]。夏季研究区水域各个样点的溶解氧含量在 6.0～12.2 mg/L 之间变动，开放型水域水体溶解氧平均浓度为 8.76 mg/L，高于封闭型水域水体溶氧平均值 7.20 mg/L，其中 DO 平均含量夏冬两季最高值均位于养殖区水域，夏季最低出现在 XJJ1 和 XJJ2 区域，冬季最低出现在下游 XLJ 区域。泥河各个样点的 DO 浓度变化趋势在季节分布上，冬季 DO 平均浓度大于夏季，这与冬季温度降低有很大的关系，水体中溶解氧含量主要受水温影响，且温度越低 DO 值就越高；在空间分布上，封闭型采煤沉陷区两季相同沉陷水域各个采样点之间的 DO 浓度均无显著差异，而开放型沉陷水域变化较大，从上游到下游总体上呈现先上升后下降的趋势。这种现象在冬季更为明显。

（2）总氮（TN）

如图 6-7(e)所示，封闭型采煤沉陷水域 GQ 的 TN 含量在冬夏两季中都高于另外两个沉陷区域，TN 含量都维持在 1.03～1.48 mg/L。由图 6-8(e)可以看出，开放型采煤沉陷水域泥河冬季 TN 含量变化不大，基本维持在 1.38～3.82 mg/L 之间，而夏季泥河 TN 含量

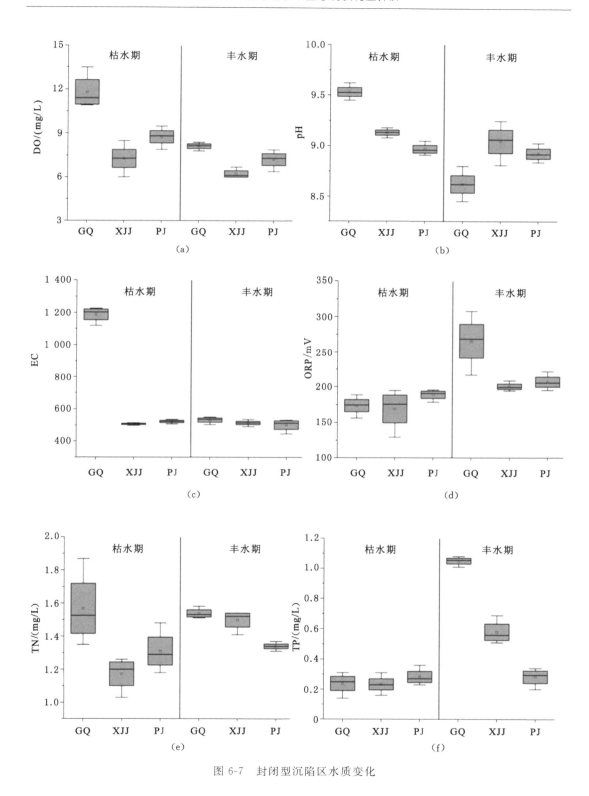

图 6-7　封闭型沉陷区水质变化

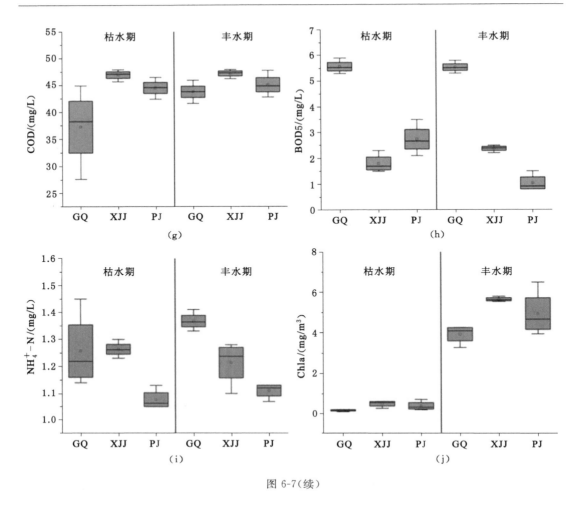

图 6-7（续）

由上游至下游呈显著上升的趋势。冬夏两季开放型沉陷水域之间变化起伏较大，表现出一定空间差异。季节分布上，夏季泥河总氮浓度有所减小可能与夏季降水充沛处于丰水期，在一定程度上会稀释水体的 TN 浓度有关。当水中的 TN 含量过多时，水生生物就会开始加速繁殖，近一步地消耗水体中的溶解氧，从而使水体水质发生恶化。

（3）总磷（TP）

冬季研究区域各个采样点的 TP 浓度变化范围为 0.05～0.36 mg/L，如图 6-7（f）所示，TP 含量最高点在 PJ 采煤沉陷水域。夏季研究区各个采样点的 TP 浓度变化范围为 0.20～1.08 mg/L，TP 含量最高的是 GQ 采煤沉陷水域，平均值达到了 1.05 mg/L，此外泥河 TP 总体含量较高，平均值达到了 0.53 mg/L，远远超过其他沉陷水域。冬季含量最高的是 PJ 采煤沉陷水域，最大值达到 0.36 mg/L，此地区主要以农业为主，因此有大量生活污水排放，成为其主要污染源。在空间分布上，各采样点之间的 TP 浓度变化不大，冬季枯水期变化较为平缓，中游含量要高于下游；时间分布上，夏季各个点位较冬季略有上升。采煤沉陷水域周围会有使磷含量增加的生活污水，农业面源污染较少，并且夏季雨水充沛，产生了一定的稀释净化的作用，但枯水期的冬季水库的 TP 浓度更高。

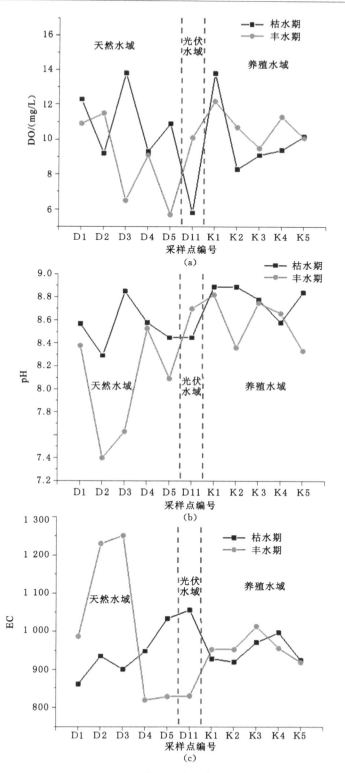

图 6-8　开放型沉陷区水质变化

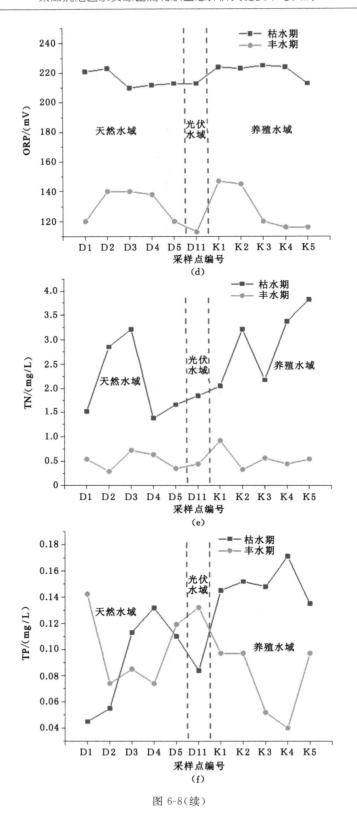

图 6-8(续)

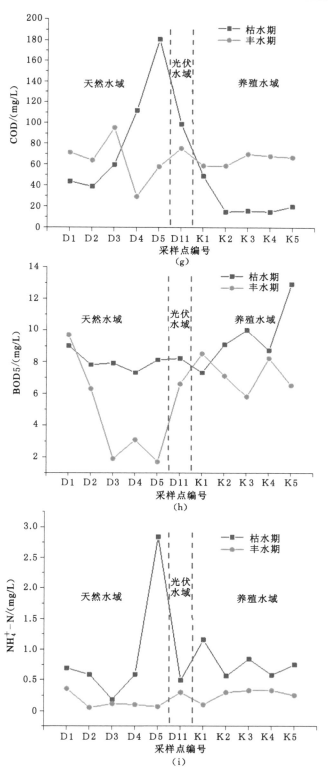

图 6-8（续）

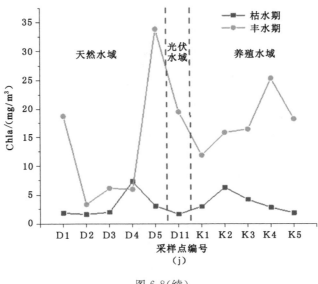

图 6-8(续)

（4）化学需氧量（COD）

如图 6-7(g)、图 6-8(g)所示,冬季开放型采煤沉陷水域采样点 COD 含量变化较大;封闭型采煤沉陷水域 COD 含量变化较小,三个沉陷水域 COD 平均含量由高到低依次是:谢家集、潘集、顾桥。在夏季开放型采煤沉陷水域的采样点 COD 含量较大;封闭型采煤沉陷水域 COD 含量差异不大,平均含量为 45.34 mg/L,不同水库之间含量变化较大,且同一个水库各采样点之间含量差异也较大。由此可见,COD 在空间分布上存在显著差异,封闭型沉陷水域含量各不相同,开放型沉陷水域呈现出先降低后增高的趋势。这说明不同采煤沉陷水域之间所受污染程度不一样,谢家集沉陷水域、潘集沉陷水域和泥河中下游所受有机污染较重。另外,EC 变化趋势分析也表明了泥河下游溶解盐含量升高。季节分布上,夏冬两季的 COD 变化趋势基本一致,夏季的 COD 含量平均值显著较高。

（5）叶绿素 a(Chla)

由图 6-7(j)、图 6-8(j)可知,冬季采煤沉陷水域水体 Chla 含量明显小于夏季,冬季封闭型沉陷水域 Chla 的含量变化范围为 0.11～0.72 mg/m³,开放型沉陷水域 Chla 的含量变化范围为 0.04～0.14 mg/m³,随空间变化的幅度较小,主要原因是冬季温度降低,光照强度减弱,水体藻类光合作用减弱,叶绿素含量降低。夏季沉陷水域 Chla 的含量总体较高,研究区变化范围在 1.56～6.48 mg/m³ 之间,主要是因为随着温度逐渐升高、光照强度增强,水体营养物丰富,藻类繁殖速率加快,光合作用增强。进入冬季,温度降低,光照强度减弱,水体藻类光合作用减弱,叶绿素含量降低。

6.4 水环境质量评价

在本书研究中,采用单因子评价法、综合水质指数评价法、内梅罗综合污染指数法和富营养化评价法,对不同时期(枯水期、丰水期)以及不同水域类型(天然水域、光伏水域和养殖水域)进行水质评价。

（1）单因子评价法

$$P_i = \frac{C_i}{S_i} \tag{6-5}$$

式中　　P_i——单项标准指数；

　　　　C_i——实测值，mg/L；

　　　　S_i——标准值，mg/L。

（2）内梅罗综合污染指数法

内梅罗综合污染指数的计算公式为：

$$P_n = \frac{\sqrt{P_{i\,mean}^2 + P_{i\,max}^2}}{2} \tag{6-6}$$

式中　　P_n——内梅罗综合污染指数；

　　　　$P_{i\,mean}$——污染物 $i(i=1,2,3,\cdots)$ 的单项污染指数平均值；

　　　　$P_{i\,max}$——污染物 i 的单项污染指数最大值；以《地表水环境质量标准》（GB 3838—2002）Ⅲ类水为基准进行水质评价。内梅罗污染指数法评价标准见表 6-9。

表 6-9　内梅罗污染指数法评价标准

水质标准参数	Ⅰ	Ⅱ	Ⅲ	Ⅳ	Ⅴ
内梅罗污染指数法 P	$P<0.59$	$0.59\sim0.74$	$0.74\sim1.0$	$1.0\sim3.50$	$P\geqslant3.50$

（3）富营养化评价法

本书采用满意度较高的综合营养状态指数（TLI）法对塌陷区的富营养化程度进行评价研究。综合营养状态指数计算公式为：

$$\text{TLI}\left(\sum\right) = \sum_{j=1}^{m} W_j \times \text{TLI}(j) \tag{6-7}$$

式中　　$\text{TLI}\left(\sum\right)$——综合营养状态指数；

　　　　W_j——第 j 种参数的综合营养状态指数的相关权重；

　　　　$\text{TLI}(j)$——第 j 种参数的综合营养状态指数。

把叶绿素 a（Chla）作为基准，则第 j 种参数的相关权重计算公式为：

$$W_j = \frac{r_{ij}^2}{\sum_{j=1}^{m} r_{ij}^2} \tag{6-8}$$

式中　　r_{ij}——第 j 种参数与基准参数 Chla 的相关系数；

　　　　m——评价参数的个数。

湖泊（水库）部分参数与叶绿素的相关关系见表 6-10。

表 6-10　湖泊部分参数与叶绿素的相关关系

参数	Chla	TP	TN	SD	COD
r_{ij}	1	0.840 0	0.820 0	$-0.830\ 0$	0.830 0
r_{ij}^2	1	0.705 6	0.672 4	0.688 9	0.688 9

综合营养状态指数计算公式为：

$$TLI(Chla) = 10(2.500 + 1.086\ln Chla) \tag{6-9}$$

$$TLI(TP) = 10(9.436 + 1.624\ln TP) \tag{6-10}$$

$$TLI(TN) = 10(5.453 + 1.694\ln TN) \tag{6-11}$$

$$TLI(COD) = 10(0.109 + 2.661\ln COD) \tag{6-12}$$

根据综合营养指数的计算需要，选取总磷、总氮、COD、叶绿素 a 作为富营养化评价的指标，对塌陷区进行富营养化评价。根据公式计算塌陷区 12 个采样点三个季节的的综合营养指数值，最后求平均数作为该区域的 TLI 值，根据 TLI 值判断其营养程度。

根据计算指数的大小，把水体的营养化程度分为 6 个级别（表 6-11），在同一营养状态下，TLI 值越高表明营养程度越重。

表 6-11　富营养化状态分级表

营养状态分级	评分值 TLI(∑)	定性评价
贫营养	$0 < TLI(\sum) \leqslant 30$	优
中营养	$30 < TLI(\sum) \leqslant 50$	良好
（轻度）富营养	$50 < TLI(\sum) \leqslant 60$	轻度污染
（中度）富营养	$60 < TLI(\sum) \leqslant 70$	中度污染
（重度）富营养	$70 < TLI(\sum) \leqslant 100$	重度污染

6.4.1　不同时期水质评价结果

（1）单因子评价分析

根据单因子计算公式得出的枯水期和丰水期水质评价结果如表 6-12 所示。

表 6-12　主要污染物单因子评价结果表

采样点编号	COD/(mg/L)		TP/(mg/L)		TN/(mg/L)		DO/(mg/L)	
	枯水期	丰水期	枯水期	丰水期	枯水期	丰水期	枯水期	丰水期
GQ1	1.38	1.19	0.70	5.4	1.48	1.51	0.26	0.21
GQ2	1.96	1.08	1.55	5.3	1.87	1.58	0.12	0.02
GQ3	1.25	1.30	1.30	5.05	1.35	1.52	0.10	0.17
XJJ1	1.36	1.31	1.55	2.55	1.03	1.54	0.73	0.56
XJJ2	1.40	1.37	1.15	3.45	1.26	1.54	0.45	0.62
XJJ3	1.28	1.40	0.80	2.70	1.23	1.41	0.90	0.33
PJ1	1.23	1.39	1.15	1.55	1.27	1.34	0.38	0.11
PJ2	1.12	1.23	1.30	1.7	1.48	1.31	0.53	0.46
PJ3	1.33	1.14	1.80	1	1.18	1.37	0.31	0.12
D1	2.20	3.59	0.225	0.71	1.52	0.539	2.46	2.18
D2	9.05	3.21	0.55	0.37	1.67	0.285	2.18	2.30
D3	5.6	4.77	0.66	0.425	1.38	0.722	1.16	1.30
D4	1.95	1.47	0.275	0.37	2.85	0.636	1.84	1.82

表 6-12(续)

采样点编号	COD/(mg/L)		TP/(mg/L)		TN/(mg/L)		DO/(mg/L)	
	枯水期	丰水期	枯水期	丰水期	枯水期	丰水期	枯水期	丰水期
D5	3	2.91	0.565	0.595	3.21	0.349	2.64	1.14
D11	4.95	3.79	0.42	0.66	1.85	0.443	2.20	2.02
K1	2.45	2.95	0.725	0.485	2.05	0.917	2.76	2.44
K2	0.75	2.95	0.76	0.485	3.21	0.327	2.56	2.14
K3	0.80	3.51	0.74	0.26	2.17	0.56	2.70	1.90
K4	0.75	3.41	0.855	0.20	3.37	0.443	2.74	2.26
K5	1	3.35	0.675	0.485	3.82	0.544	2.58	2.02

　　根据计算结果,参照《地表水环境质量标准》(GB 3838—2002),研究区采样点水质大多在"Ⅳ～Ⅴ"类,枯水期仅采样点 D1、D3、D11、K1 的 COD 超过Ⅴ类水标准值,但丰水期水质的 COD 基本都超过了Ⅴ类水标准,只有 D4 号点在Ⅳ类水以内。D1、D4、D5 的总氮超过Ⅳ类水标准值,D2、D11、K1～K5 的总氮超过Ⅴ类水标准值;其中,D1～D5、D11 是泥河采样点,K1～K5 为养殖区水域采样点,只有 K1 点 COD 超过Ⅴ类水标准值,但是养殖区水域的总磷和总氮含量明显高于天然水体泥河中总磷、总氮的含量。D1、D5、D11 采样点总磷属于Ⅲ类水质,其他点位总磷保持在Ⅱ类水质,养殖水域水质和泥河水域总氮均在Ⅲ类水质和Ⅱ类水质之间,养殖区较泥河水体水质较稳定,且养殖区水域的溶解氧高于泥河水域。

　　(2)内梅罗综合污染指数法

　　根据内梅罗综合污染指数法的计算公式可得出水质评价结果,如表 6-13 和图 6-9 所示。

表 6-13　内梅罗污染指数评价结果表

采样点编号	枯水期		丰水期	
	内梅罗综合污染指数	水质等级	内梅罗综合污染指数	水质等级
GQ1	0.92	Ⅲ	2.83	Ⅳ
GQ2	1.19	Ⅳ	2.77	Ⅳ
GQ3	0.93	Ⅲ	2.66	Ⅳ
XJJ1	0.94	Ⅲ	1.42	Ⅳ
XJJ2	0.86	Ⅲ	1.86	Ⅳ
XJJ3	0.83	Ⅲ	1.49	Ⅳ
PJ1	0.79	Ⅲ	0.91	Ⅲ
PJ2	0.90	Ⅲ	0.99	Ⅲ
PJ3	1.05	Ⅳ	0.81	Ⅲ
D1	1.467 617	Ⅳ	1.997 952	Ⅳ
D2	3.812 601	Ⅴ	1.780 418	Ⅳ
D3	3.075 935	Ⅳ	2.549 913	Ⅳ

表 6-13（续）

采样点编号	枯水期		丰水期	
	内梅罗综合污染指数	水质等级	内梅罗综合污染指数	水质等级
D4	3.831 73	V	1.056 631	IV
D5	1.958 221	IV	1.583 26	IV
D11	2.687 542	IV	2.082 723	IV
K1	1.703 131	IV	1.701 889	IV
K2	1.787 42	IV	1.649 212	IV
K3	1.248 824	IV	1.920 02	IV
K4	1.877 962	IV	1.878 761	IV
K5	2.118 219	IV	1.856 186	IV

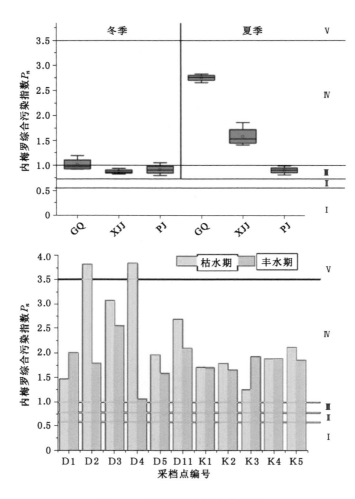

图 6-9　内梅罗综合污染指数法

根据内梅罗综合污染指数法,枯水期封闭型沉陷水域除 PJ3 外都属于"Ⅲ类"水,开放型水域 D2 和 D4 的水质属于"Ⅴ类"水,水质较差,其他地点的水质都属于"Ⅳ类"水。丰水期封闭沉陷水域顾桥和谢家集属于"Ⅳ类"水,潘集属于"Ⅲ类"水。泥河和塌陷水域整体处于Ⅳ类水,泥河水体质量波动较大,沉陷水域的整体水质优于泥河。从单因子评价分析水质角度难以看出二者优劣,内梅罗综合指数法增大了最大污染物的权重,突出了 COD 对于泥河水体污染的贡献,为水生态治理与修复提供了方向。

（3）富营养化评价

根据综合水质指数评价计算公式得出的水质评价结果如表 6-14 所示。

表 6-14　富营养化指数评价结果表

采样点编号	枯水期		丰水期	
	内梅罗综合污染指数	水质等级	内梅罗综合污染指数	水质等级
GQ1	42.91	良好	59.22	轻度
GQ2	46.57	良好	58.14	轻度
GQ3	41.23	良好	59.82	轻度
XJJ1	47.77	良好	58.49	轻度
XJJ2	48.86	良好	61.71	中度
XJJ3	45.54	良好	60.58	中度
PJ1	49.61	良好	59.33	轻度
PJ2	45.39	良好	57.31	轻度
PJ3	46.47	良好	54.83	轻度
D1	54.32	轻度	65.06	中度
D2	64.92	中度	55.95	轻度
D3	62.55	中度	61.65	中度
D4	69.78	中度	57.91	轻度
D5	66.49	中度	66.19	中度
D11	62.46	中度	64.62	中度
K1	62.17	中度	63.49	中度
K2	60.75	中度	60.19	中度
K3	58.12	轻度	61.31	中度
K4	58.06	轻度	61.05	中度
K5	57.94	轻度	63.19	中度

通过对不同时期（枯水期、丰水期）采集的水样研究发现,枯水期封闭型沉陷水域水体综合营养状态指数在 41.23 到 49.61 之间,平均值 46.04,水质良好;开放型水域 K1～K5 水质的综合营养状态指数在 57.94～62.17 之间,平均值为 59.41,属轻度富营养状态。丰水期的封闭型沉陷水域综合营养状态指数在 54.83～61.71 之间,平均值 58.83,顾桥和潘集都处于轻度污染状态,谢家集则处于中度污染状态;开放型沉陷水域综合营养状态指数在 60.19～63.49 之间,平均值为 61.85,为中度富营养状态。水体富营养化污染丰水期较枯水

期严重。且从图 6-10 中可以看出,对于泥河整个河段,富营养化均属于轻度至中度富营养化程度,其中水质较好的为泥河的上游 D1 点位,且枯水期的富营养化程度相对丰水期较好。

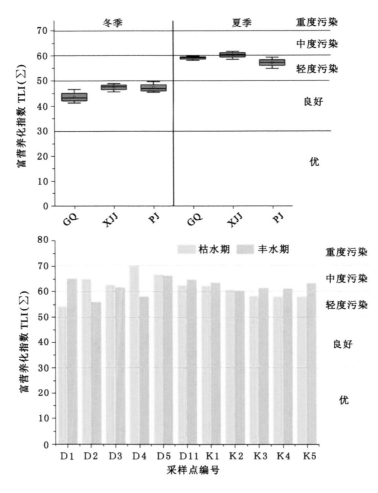

图 6-10　富营养化指数评价结果

6.4.2　泥河不同区域水质评价结果

　　根据现场踏勘,泥河水域按照水功能区类型,分为天然水域、光伏水域和养殖水域,通过对综合水质评价计算数据的处理,得出的不同水功能区综合水质评价结果如图 6-11 所示。从图 6-11 中可以得出,在人为影响下,养殖区水域的水质相对较好,均属于"Ⅱ类"水质,且随季节变化,水质波动范围相较天然水域的小。同时光伏水域的水质最为稳定,这可能是因为水面大面积光伏板的覆盖,导致水生生物的新陈代谢减缓,而且光伏水域位于泥河的最下游,导致部分污染源在此处汇集,从而使得光伏水域的水质相较养殖区和天然水域的水质差。然而天然水体在丰水期水流量较大,枯水期水流量较小,导致天然水域在不同时期水质波动最大,枯水期天然水域水质属于"Ⅲ类"水质,而丰水期水质为"Ⅱ类"水质。

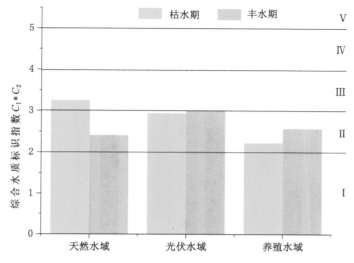

图 6-11　泥河不同水功能区综合水质评价结果

通过对综合水质评价计算数据的处理,得出的泥河不同水功能区富营养化指数评价结果如图 6-12 所示。从图 6-12 中可以得出,不同水域的富营养化程度基本相同,即不同的水体使用情况对水域水质的富营养化影响较小。但相较而言,沉陷水域养殖区在枯水期水体综合营养属于轻度度富营养状态,丰水期综合营养状态属于中度营养化。

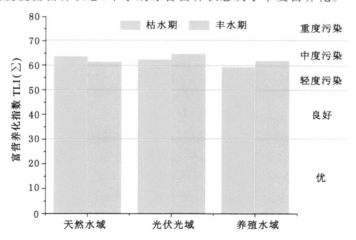

图 6-12　泥河不同水功能区富营养化指数评价结果

6.5　沉陷水域生物多样性

6.5.1　水体微生物群落结构与多样性

1. 枯水期水体微生物群落结构与多样性

两个区域(泥河区、沉陷水域)水体微生物群落组成在门分类水平下的相对丰度如图 6-13 所示。由图 6-13 可以看出,两个区域水系水体中微生物主要由拟杆菌门(Bacteroidetes)和变形菌门(Proteobacteria)组成,还含有小部分放线菌门(Actinobacteria)、蓝藻细菌门(Cyanobacteria)、厚壁菌门(Firmicutes)、浮霉菌门(Planctomycetes)、疣微菌门(Verrucomicrobia)、异常球菌-栖热菌门(Deinococcus-Thermus)、绿弯菌门(Chloroflexi)等其他菌门。

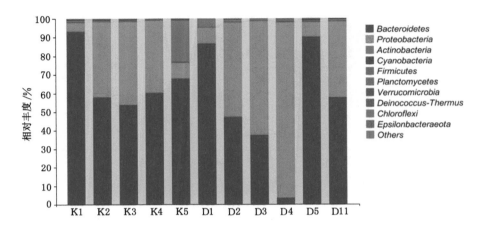

图 6-13　门分类水平下水样微生物各分类单元的相对丰度(枯水期)

由图 6-14 可以看出,泥河区水样的微生物群落 Chao1 指数大于沉陷水域水样的,表明泥河区水样的微生物群落的丰度大于沉陷水域水样的;沉陷水域水样的微生物群落 Observed Species 指数、Shannon 指数以及 Simpson 指数小于泥河区水样的,表明沉陷水域水样的微生物群落的物种多样性均大于泥河区水样的。水体中优势物种群落组成和环境因子的冗余分析(枯水期)如图 6-15 所示,水体中优势物种群落组成和阴阳离子的冗余分析(枯水期)如图 6-16 所示。

第一个主轴解释了 79.38% 的优势菌门群落变化,而第二主轴解释了 2.25% 优势菌门群落变化(图 6-15)。冗余分析显示,化学需氧量(COD)、透明度(SD)、总溶解固体(TDS)、pH 和电导率(EC)在泥河和沉陷水域的水生细菌群落分布中起关键作用。此外,氧化还原电位(ORP)、总氮(TN)和总磷(TP)也在不同程度地影响着水样中细菌群落的组成。拟杆菌门(Bacteroidetes)主要受到化学需氧量、透明度、总溶解固体、pH、电导率和氧化还原电位的影响;变形杆菌(Proteobacteria)与透明度、pH 和总磷呈负相关;放线菌门(Actinobacteria)与所有环境因子均呈负相关。

进行 RDA 分析以确定水的阴阳离子(包括 F^-、K^+、Cl^-、Na^+、Mg^{2+}、Ca^{2+})与不同水生细菌群落组成之间的相关性,在门系水平上,第一个主轴 RDA1 解释了 88.24% 的优势菌门群落变化,而第二主轴 RDA2 解释了 2.37% 优势菌门群落变化(图 6-16)。冗余分析显示,F^-、K^+、Cl^-、Na^+、Mg^{2+}、Ca^{2+} 等离子在泥河和沉陷水域的水生细菌群落组成和分布中均起着关键作用。拟杆菌门(Bacteroidetes)主要受到 Na^+、Mg^{2+}、Ca^{2+} 的影响;放线菌门(Actinobacteria)受 F^- 浓度影响较大;变形杆菌(Proteobacteria)与所有环境因子均呈负相关。

2. 枯水期底泥微生物多样性

两个区域(泥河区、沉陷水域)底泥微生物群落组成在门分类水平下的相对丰度如

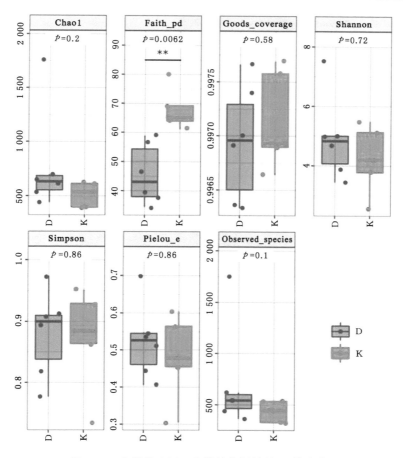

图 6-14　水样的 Alpha 多样性分析结果图（枯水期）

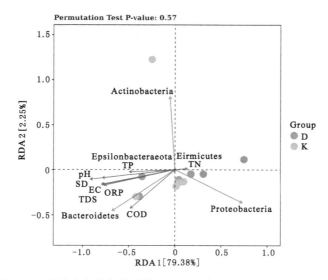

图 6-15　水体中优势物种群落组成和环境因子的冗余分析（枯水期）

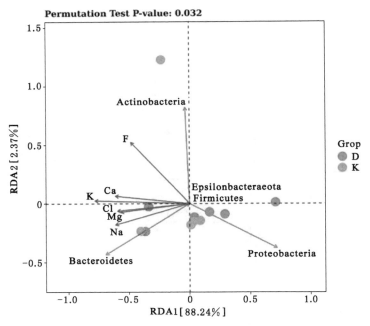

图 6-16　水体中优势物种群落组成和阴阳离子的冗余分析（枯水期）

图 6-17 所示。由图 6-17 可以看出，两个区域水系水体中微生物主要都由变形菌门（Proteobacteria）和厚壁菌门（Firmicutes）组成，还含有小部分拟杆菌门（Bacteroidetes）、绿弯菌门（Chloroflexi）、放线菌门（Actinobacteria）、疣微菌门（Verrucomicrobia）等其他菌门。

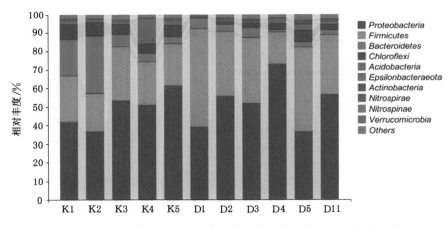

图 6-17　门分类水平下底泥微生物各分类单元的相对丰度（枯水期）

由图 6-18 可以看出，沉陷水域水样的微生物群落 Chao1 指数大于泥河水域水样，表明沉陷水域水样的微生物群落的丰度大于泥河区水样；泥河区水样的微生物群落 Shannon 指数大于沉陷水域水样，表明泥河区水样的微生物群落的物种多样性均大于沉陷水域水样。

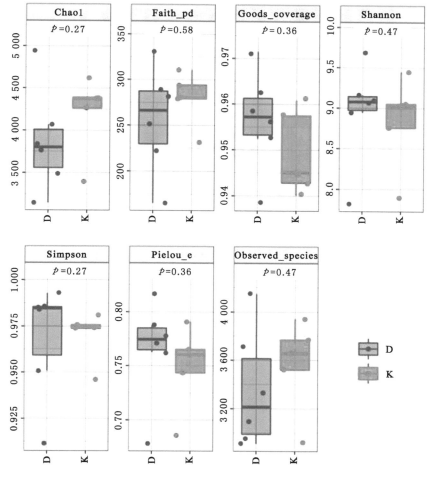

图 6-18　底泥的 Alpha 多样性分析结果(丰水期)

3. 丰水期水体微生物群落结构与多样性

两个区域(泥河区、沉陷水域)水体微生物群落组成在门分类水平下的相对丰度如图 6-19 所示。由图 6-19 可以看出,两个区域水系水体中微生物主要由变形菌门(Proteobacteria)厚壁菌门(Firmicutes)和拟杆菌门(Bacteroidetes)组成,还含有小部分放线菌门(Actinobacteria)、蓝藻细菌门(Cyanobacteria)、浮霉菌门(Planctomycetes)、疣微菌门(Verrucomicrobia)、异常球菌-栖热菌门(Deinococcus-Thermus)、绿弯菌门(Chloroflexi)等其他菌门。

由图 6-20 可以看出,泥河区水样的微生物群落 Chao1 指数大于沉陷水域水样,表明泥河区水样的微生物群落的丰度大于沉陷水域水样;沉陷水域水样的微生物群落 Shannon 指数以及 Simpson 指数大于泥河区水样,表明沉陷水域水样的微生物群落的物种多样性均大于泥河区水样。

第一个主轴解释了 79.38% 的优势菌门群落变化,而第二主轴解释了 2.25% 优势菌门群落变化(图 6-21)。冗余分析显示,化学需氧量(COD)、透明度(SD)、总溶解固体(TDS)、pH 和电导率(EC)在泥河和沉陷水域的水生细菌群落分布中起关键作用。此外,氧化还原

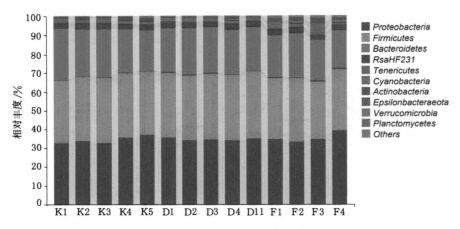

图 6-19　门分类水平下水样微生物各分类单元的相对丰度（丰水期）

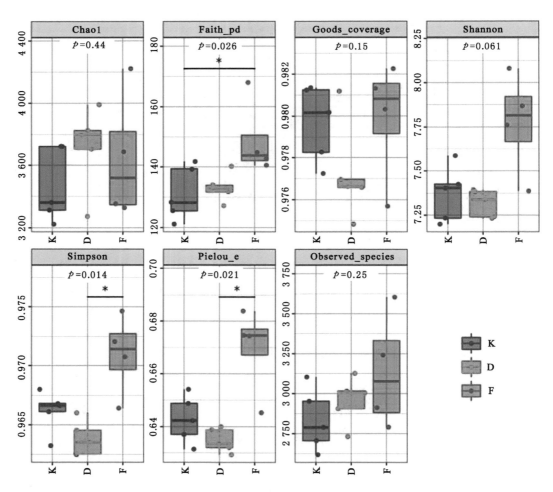

图 6-20　水样的 Alpha 多样性分析结果图（丰水期）

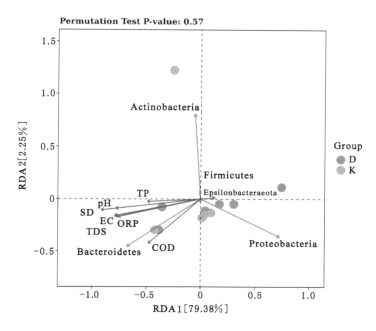

图 6-21　水体中优势物种群落组成和环境因子的冗余分析(丰水期)

电位(ORP)、总氮(TN)和总磷(TP)也在不同程度地影响着水样中细菌群落的组成。拟杆菌门(Bacteroidetes)主要受到化学需氧量、透明度、总溶解固体、pH、电导率和氧化还原电位的影响;变形杆菌(Proteobacteria)与透明度、pH 和总磷呈负相关;放线菌门(Actinobacteria)与所有环境因子均呈负相关。

进行 RDA 分析以确定水的阴阳离子(包括 F^-、K^+、Cl^-、Na^+、Mg^{2+}、Ca^{2+})与不同水生细菌群落组成之间的相关性。在门系水平上,第一个主轴 RDA1 解释了 88.24% 的优势菌门群落变化,而第二主轴 RDA2 解释了 2.37% 优势菌门群落变化(图 6-22)。冗余分析显示,F^-、K^+、Cl^-、Na^+、Mg^{2+}、Ca^{2+} 等在泥河和沉陷水域的水生细菌群落组成和分布中均起着关键作用。拟杆菌门(Bacteroidetes)主要受到 Na^+、Mg^{2+}、Cl^- 的影响;放线菌门(Actinobacteria)受 F^- 离子浓度的影响较大;变形杆菌(Proteobacteria)与所有环境因子均呈负相关。

4. 丰水期底泥微生物

两个区域(泥河区、沉陷水域)底泥微生物群落组成在门分类水平下的相对丰度如图 6-23 所示。由图 6-23 可以看出,两个区域水系水体中微生物主要都由变形菌门(Proteobacteria)和绿弯菌门(Chloroflexi)组成,还含有小部分拟杆菌门(Bacteroidetes)、厚壁菌门(Firmicutes)、放线菌门(Actinobacteria)、疣微菌门(Verrucomicrobia)等其他菌门。

由图 6-24 可以看出,沉陷水域水样的微生物群落 Chao1 指数大于泥河水域水样,表明沉陷水域水样的微生物群落的丰度大于泥河区水样;泥河区水样的微生物群落 Shannon 指数小于沉陷水域水样,表明泥河区水样的微生物群落的物种多样性均大于沉陷水域水样。

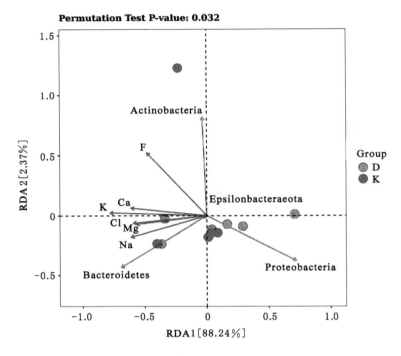

图 6-22　水体中优势物种群落组成和阴阳离子的冗余分析（丰水期）

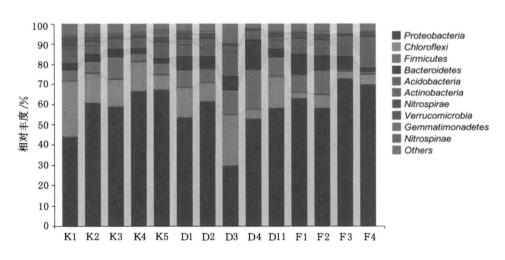

图 6-23　门分类水平下底泥微生物各分类单元的相对丰度（丰水期）

6.5.2　浮游动植物多样性

1. 浮游动物

（1）浮游动物物种名录

浮游动物物种名录如表 6-15 所示。

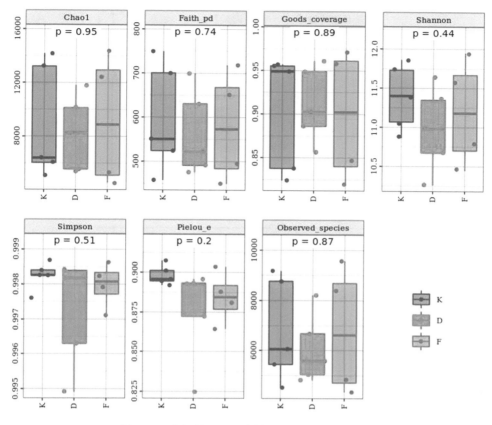

图 6-24　底泥的 Alpha 多样性分析结果（丰水期）

表 6-15　浮游动物物种名录

种类	点位处数量/个										
	K1	K2	K3	K4	K5	D1	D2	D3	D4	D5	D11
原生动物	11	11	9	9	8	9	6	2	6	9	8
轮虫	6	3	2	2	4	6	3	5	3	5	4
枝角类	0	0	0	1	2	1	2	1	1	0	0
桡足类	0	1	1	1	1	1	0	2	2	0	1

由图 6-25 可以看出，水样中浮游动物主要由原生动物、轮虫、桡足类和枝角类动物组成，分别占比 59.06%、28.86%、6.71% 和 5.37%。

（2）浮游动物密度

由图 6-26 可以明显看出，沉陷水域水样的浮游动物密度明显大于泥河区水样，浮游动物种类没有明显变化，主要都以原生动物和轮虫为主，K3、K4 点浮游动物密度明显小于塌陷区其他点位。泥河区水样的浮游动物密度有比较大的差异，可能与采样点水质、微生物等环境因素有关系。泥河区域水生浮游动物密度在 D5 点最大，在 D4 点最小。总体来看，两个区域水体中浮游动物主要有无节幼体、桡足类、枝角类、轮虫和原生动物 5 类。

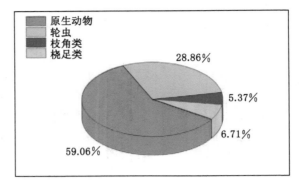

图 6-25　浮游动物物种名录分布图

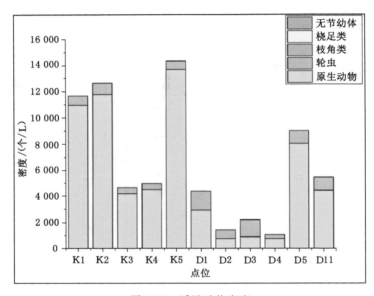

图 6-26　浮游动物密度

（3）浮游动物生物量

由图 6-27 可以看出,沉陷水域和泥河区浮游动物生物量大部分都由原生动物和轮虫组成,且轮虫类的生物量明显大于原生生物和其他生物,两个区域水体浮游动物生物量在各点位之间都有明显差别,沉陷水域 K3、K4 点生物量最少,泥河区 D1 点浮游动物生物量最多,D4 点生物量最少,D3、D5、D11 点原生生物的生物量相近。

（4）浮游动物生物多样性

由图 6-28 可以看出,泥河和沉陷水域的浮游动物的生物多样性差别不大,沉陷水域 K1 点生物多样性最大,K5 点生物多样性最小;且还可以看出,从 D1 到 D5 点生物多样性有小幅度降低,泥河区 D1 点生物多样性最大,D3 点生物多样性最小。

2. 浮游植物

（1）浮游植物物种名录

浮游植物物种名录见表 6-16。

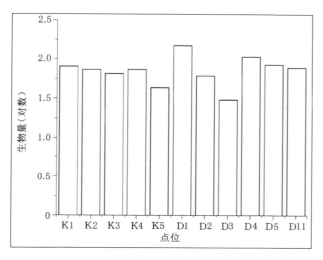

图 6-27　浮游动物生物量

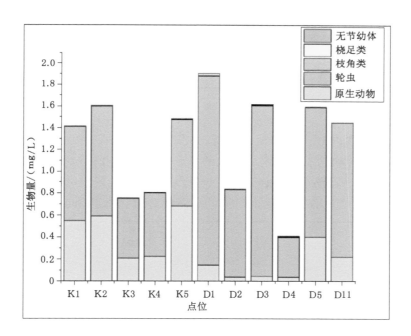

图 6-28　浮游动物生物多样性

表 6-16　浮游植物物种名录

门类	点位处数量/个										
	K1	K2	K3	K4	K5	D1	D2	D3	D4	D5	D11
蓝藻门	1	1	0	1	0	0	2	1	2	0	0
裸藻门	1	1	1	0	1	1	2	2	1	1	1
硅藻门	9	7	7	5	4	5	5	21	6	6	4
隐藻门	2	2	2	2	2	2	2	0	2	2	1

表 6-16（续）

门类	点位处数量/个										
	K1	K2	K3	K4	K5	D1	D2	D3	D4	D5	D11
绿藻门	17	6	10	8	9	5	2	4	6	5	1
甲藻门	2	0	0	0	0	0	0	0	0	0	0
金藻门	1	2	1	0	1	1	1	1	1	0	1

由图 6-29 可以看出，水样中浮游植物按占比排序为：硅藻门＞绿藻门＞隐藻门＞裸藻门＞金藻门＞蓝藻门＞甲藻门，分别占比为 38.92%、35.96%、9.36%、5.91%、4.93%、3.94% 和 0.99%。

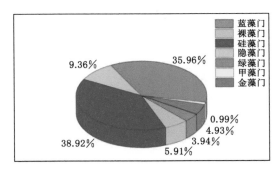

图 6-29　浮游植物物种名录分布图

（2）浮游植物细胞密度

由图 6-30 可以明显看出，沉陷水域水样的浮游植物密度明显大于泥河区水样，浮游植物种类泥河区明显多于沉陷水域，沉陷水域水样浮游植物以硅藻门、绿藻门和隐藻为主，从 K1 到 K4 点浮游植物密度有明显减小趋势，K5 点浮游植物密度则出现增加趋势，泥河区

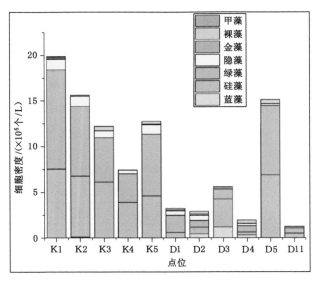

图 6-30　浮游植物细胞密度

D5 点浮游植物密度最大,D11 点浮游植物密度最小,D2 点和 D4 点浮游植物多样性最大。

（3）浮游植物生物量

由图 6-31 可以看出,两个区域浮游植物生物量差异明显,沉陷水域浮游植物生物量从 K1 到 K4 点浮游植物密度有明显减小趋势,K5 点浮游植物生物量又出现增加现象,泥河区 D3 点浮游植物生物量最大,D11 点浮游植物生物量最小,裸藻在 K2、D3 和 D11 点没有出现,在其他点位都有出现,特异性比较明显。

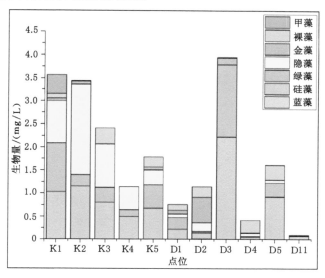

图 6-31　浮游植物生物量

（4）浮游植物生物多样性

由图 6-32 可以看出,沉陷水域浮游植物生物多样性差别不大,泥河区浮游植物多样性差别较大,从 D1～D11 点浮游植物多样性出现先增大后减小的趋势,在 D3 点浮游植物多样性最高,D11 点浮游植物多样性最低。

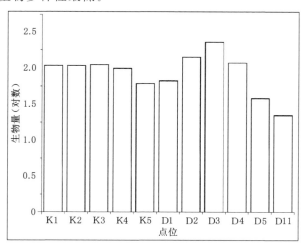

图 6-32　浮游植物生物多样性

6.5.3 底栖动物

（1）底栖动物物种名录

研究区的底栖动物物种较为丰富，具体名录如表 6-17 所示。

表 6-17 底栖动物物种名录

类别	点位										
	K1	K2	K3	K4	K5	D1	D2	D3	D4	D5	D11
环节动物门 Annelida											
寡毛纲 gochaeta											
颤蚓科 Tubificidae											
水丝蚓属 Limnodrilus sp.											+
颤蚓属 Tubifex sp.						+					
苏氏尾鳃蚓 Branchiura sowerbyi											+
软体动物门 Mollusca											
腹足纲 Gastropoda											
田螺科 Viviparidae											
环棱螺属 Bellamya sp.											
铜锈环棱螺 Bellamya aeruginosa						+					
豆螺科 Bithyniidae											
长角涵螺 Alocinma longicornis						#				#	#
大沼螺 Parafossarulus eximius										#	
中华沼螺 Parafossarulus sinensis											
纹沼螺 Parafossarulus striatulus				#		#				#	#
狭口螺科 Stenothyridae											
光滑狭口螺 Stenothyra glabra											
扁蜷螺科 Planorbidae											
凸旋螺 Gyraulus convexiuseculus						#					
尖口圆扁螺 Hippeutis cantori			#					#			
大脐圆扁螺 Hippeutisumbilicalis										#	
椎实螺科 Lymnaeidae											
萝卜螺属 Radix sp.						#					#
膀胱螺科 Physidae											
尖膀胱螺 Physa acuta								+			
双壳纲 Bivalvia											
蚌科 Unionidae											
背角无齿蚌 Anodonta woodiana wodiana										#	
节肢动物门 Arthropoda											
昆虫纲 Insecta											

表 6-17(续)

类 别	点位										
	K1	K2	K3	K4	K5	D1	D2	D3	D4	D5	D11
鳞翅目 Lepidoptera											
塘水螟属 Elophila sp.								+			
双翅目 Diptera											
幽蚊科 Chaoboridae											
幽蚊属 Chaoborus sp.											
摇蚊科 Chironomidae											
摇蚊亚科 Chironominae											
摇蚊属 Chironomus sp.							+				
二叉摇蚊属 Dicrotendipes sp.											+
雕翅摇蚊属 Glyptotendipes sp.				+							
直突摇蚊亚科 Orthocladiinae											
裸须摇蚊属 Propsilocerus sp.	+					+	+			+	+

注:+为定量,♯为定性。

（2）底栖动物密度

由图 6-33 可以看出，沉陷水域底泥中底栖动物以节肢动物为主，且密度较小，在泥河区底泥中存在部分软体动物和环节动物，但仍以节肢动物为主。沉陷水域水样的底栖动物密度与泥河区相差不大，但沉陷水域底栖动物的种类小于泥河流域中底栖动物的种类。

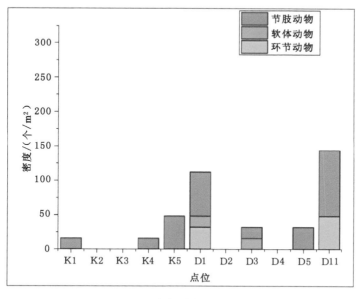

图 6-33 底栖动物密度分布

（3）底栖动物生物量

由图 6-34 可以看出，沉陷水域和泥河区域底栖动物量总体偏少，部分点位没有检测到相关底栖动物。沉陷水域底栖动物生物量小于泥河区,其中沉陷水域 K1、K5 点可检测到部分生物量,其余点均未检测到;而在泥河流域中,D1 点底栖动物生物量明显大于其他点位,且以软体动物为主,说明该区域水生态环境比其他点位更适合底栖动物的生存。

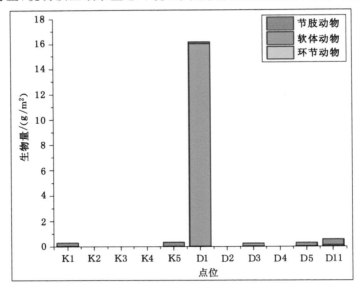

图 6-34　底栖动物生物量

（4）底栖动物生物多样性

结合图 6-35、上述底栖动物密度和生物量的结果以及 Shannon 指数可知,泥河和沉陷水域的底栖动物的生物多样性差别明显,沉陷水域底栖动物稀少,导致其生物多样性偏低甚至为零。尼河流域中在点位 D1、D3、D11 处检测到了一定量的底栖动物,D1 和 D11 点生物多样性相差不大,说明其具有相似的适合底栖动物生存的环境。

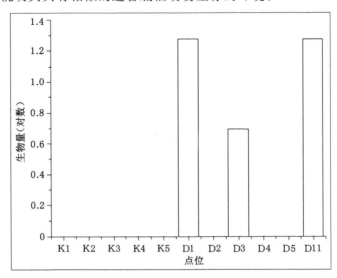

图 6-35　底栖动物生物多样性

6.6　本章小结

（1）水质状况

沉陷区水质整体呈弱碱性，封闭型沉陷区 pH 的波动较大且高于开放型沉陷区，丰水期更为显著，受季节影响，枯水期 DO 值高于丰水期，开放型高于封闭型；由于夏季丰水期居民生活污水和农业灌溉面源污染的增加，封闭型沉陷水域 TN 和 TP 的含量均高于枯水期，COD 和 BOD5 在空间分布上都存在显著差异，其中谢家集、潘集沉陷水域和泥河中下游 COD 和 BOD5 的值较高，枯水期 Chla 含量低于丰水期。

（2）水环境评价

根据单因子评价法，丰水期不同区域水体中 COD、养殖区水域和光伏水域总氮含量均超过《地表水环境质量标准》（GB 3838—2002）Ⅴ类水标准值，且天然水域的总氮超过Ⅳ类水标准值；根据综合水质标识指数法，养殖区水域较为稳定，属于"Ⅱ类"水，天然水域除泥河上游 D1 点位外，丰水期天然水域的水质状况相对较好；根据内梅罗综合污染指数法可知，天然水域的水环境状况较差，属于"Ⅴ-Ⅳ类"，养殖区水域为Ⅲ-Ⅳ类水体，养殖区域属于轻度富营养化，光伏水域属于中度富营养化。

（3）生物多样性

潘集沉陷水域中水体微生物群落多样性丰富，养殖区水域略高于天然水体和光伏水域，主要由变形菌门（Proteobacteria）和拟杆菌门（Bacteroidetes）组成，养殖区底泥微生物群落的组成主要包括变形菌门（Proteobacteria）和厚壁菌门（Firmicutes），养殖区水域水样的浮游植物密度明显大于泥河天然水体和光伏水域，天然水域种类明显多于养殖区水域，光伏水域最低；水体中浮游动物种类有无节幼体、桡足类、枝角类、轮虫和原生动物 5 类。沉陷水域养殖区的底泥中底栖动物以节肢动物为主，且密度较小。沉陷水域水样的底栖动物密度与泥河天然水体相差不大，但沉陷水域底栖动物的种类小于泥河流域中底栖动物的种类。

第7章　开采沉陷预计参数求取及水资源量预测

　　研究区开采沉陷预计参数的求取是沉陷区水域演变规律及水资源量预测的基础。采用概率积分法进行开采沉陷预计时,除了提供必要的地质采矿条件参数(如采高和煤层倾角、工作面尺寸和采深、工作面推进方向等)外,还需要 5 个基本参数即主要影响角的正切 $\tan \beta$、拐点偏移距 $S(S_{左}、S_{右}、S_{上}、S_{下})$、最大下沉系数 q、水平移动系数 b 和影响传播角 θ_0。类似,进行建(构)筑物保护煤柱留设时,除了提供受护建(构)筑物与所采煤层的空间位置关系、保护等级等基本信息外,还需要提供松散层移动角和基岩移动角(或边界角)等参数。

　　对某一地表移动观测站而言,可以获取开采沉陷预计的 5 个基本参数,但仅能获取综合移动角和边界角而无法获取松散层移动角和边界角、基岩移动角和边界角。同时,获取的参数与设站区域的地质采矿条件有密切的关系,其推广应用的误差较多。本章以潘集矿区为例,收集了 15 个观测站的资料,基于不同地质采矿条件下地表移动变形规律分析,利用适当的数据处理方法,从而获得了在一定地质采矿条件下该矿区开采沉陷预计的 5 个基本参数、松散层移动角和边界角、基岩移动角和边界角。

　　本章基于所求取的研究区沉陷预计参数等数据,对研究区未来 5 年沉陷趋势进行了求取,并确定了未来 5 年积水范围。

7.1　观测站分类

7.1.1　观测站分类标准

　　根据工作面的地质采矿条件,对观测站进行分类,分类标准包括以下 5 个方面。

　　1. 按松散层厚度划分

　　松散层为第四系与新近系地层,由土质、砂、砾石、卵石层等组成。松散层属于上覆岩层,对岩层与地表移动的影响是多方面的,关键在于其松散介质特征,其强度远不及一般的岩层,不会产生层状效应,这是与岩层的本质区别。松散层具有"加剧岩层破坏,缓解地表变形"的双重特性。

　　一般认为,松散层厚度在 $h \leqslant 50$ m 时称为薄松散层,50 m$<h \leqslant 100$ m 时称为厚松散层,100 m$<h \leqslant 200$ m 时称为中厚松散层,200 m$<h$ 时称为巨厚松散层。对淮南矿区而言,薄松散层主要出现在李嘴孜矿、新庄孜矿、谢一矿等老区,潘谢新区主要为巨厚松散层(部分含有中厚松散层)。根据设站区域松散层的厚度 h,将观测站划分为薄松散层观测站、厚松散层观测站、中厚松散层观测站和巨厚松散层观测站四类。

　　2. 按煤层倾角划分

　　煤层倾角(α)的变化对岩层和地表沉陷有明显影响。例如,在水平和近水平煤层条件下,地表沉陷的分布对采空区是对称的,随着倾角的增大,这种对称性逐渐消失;在水平及缓倾斜煤层开采条件下,地表下沉盆地为对称的碗形和盘形。按照倾角,可将煤层划分为近水平煤层（$\alpha \leqslant 8°$）、缓倾斜煤层（$8° < \alpha \leqslant 25°$）、倾斜煤层（$25° < \alpha \leqslant 45°$）和急倾斜煤层（$\alpha > 45°$）。根据设站区域煤层的倾角，可将观测站划分为近水平煤层观测站、缓倾斜煤层观测站、倾斜煤层观测站和急倾斜煤层观测站四类。对于淮南矿区而言，不存在急倾斜煤层观测站。

3. 按开采厚度划分

开采厚度 m 对上覆岩层及地表的沉陷过程的性质有重要的影响。采厚越大，垮落带、导水裂缝带高度越大，地表移动变形值也越大，移动过程表现得越剧烈，因此移动和变形值与采厚成正比。根据开采厚度 m 将煤层划分为以下四类：① 薄煤层：地下开采时厚度 1.3 m 以下的煤层；露天开采时厚度 3.5 m 以下的煤层。② 中厚煤层：地下开采时厚度 1.3～3.5 m 的煤层；露天开采时厚度 3.5～10 m 的煤层。③ 厚煤层：地下开采时厚度为 3.5～8.0 m 的煤层；露天开采时厚度 10 m 以上的煤层。④ 巨厚煤层：地下开采时厚度大于 8 m 的煤层。

根据设站区域开采厚度，将观测站划分为薄煤层观测站、中厚煤层观测站、厚煤层观测站和巨厚煤层观测站四类。对淮南矿区而言，不存在巨厚煤层观测站。

4. 按开采深度划分

随着煤层开采深度 H_0 的增加，地表各项变形值减小。这是由于采深增加，地表移动范围增大，而地表下沉值变化不大，因此地表移动盆地变得平缓，各项变形值减小。可见，在其他条件相同的情况下，地表各项变形值是与采深成反比的。淮南矿区目前主要开采 11-2 煤和 13-1 煤，因此可将观测站划分为 11-2 煤观测站和 13-1 煤观测站两类。

5. 按重复采动情况划分

重复采动是指岩层和地表已经受过第一次开采（初采）的影响而产生移动、变形和破坏，再一次经受开采（开采下部煤层，或下分层，或同一煤层的下一个工作面）的影响，使得岩层和地表又一次受到采动，这种采动称为重复采动。重复采动时地表移动和变形分布及其参数值都和初采有显著变化，即移动过程剧烈，地表下沉值增大，地表移动速度加大等。根据设站区域是否属于重复采动，可将观测站划分为初采观测站和重采观测站两类。对淮南矿区而言，由于潜水位较浅，重采观测站不多。

7.1.2　观测站分类结果

根据工作面的开采地质条件对潘集矿区的相关工作面进行了分类，分类结果如表 7-1 至表 7-4 所示。

由表 7-1 可知，潘集矿区大部分工作面地表皆有巨厚松散层赋存，仅潘一东矿 1242(1)、1252(1)工作面上部为厚松散层。

表 7-1　按松散层厚度的工作面分类

类别	潘一东矿	潘二矿	潘三矿	潘二矿（潘四东井）	朱集东矿
中厚松散层	1242(1)、1252(1)	—	—	—	—
巨厚松散层	14021、16513、16613、23113	11124、11125	12123、15523、1622(3)	11111、11113、1111(3)、1222(3)	1111(1)、1111(3)、1222(1)、1242(1)

由表 7-2 可知，潘集矿区开采煤层大部分为近水平煤层或缓倾斜煤层，仅潘二矿（潘四东井）1222(3)工作面煤层倾斜度较大。

表 7-2　按煤层倾角的工作面分类

类别	潘一东矿	潘二矿	潘三矿	潘二矿（潘四东井）	朱集东矿
近水平煤层	1242(1)、1252(1)、14021、16513、16613		12123		1111(3)、1222(1)、1242(1)
缓倾斜煤层	23113	11124、11125	15523、1622(3)	11111、11113、1111(3)	1111(1)
倾斜煤层	—			1222(3)	

由表 7-3 可知,潘集区煤层厚度以中厚煤层为主,煤层厚度变化不大,赋存较为稳定。

表 7-3　按煤层厚度的工作面分类

类别	潘一东矿	潘二矿	潘三矿	潘二矿（潘四东井）	朱集东矿
中厚煤层	1242(1)、1252(1)、14021、16513、16613、23113	11125	12123、15523	11111	1111(1)、1222(1)、1242(1)
厚煤层	—	11124	1622(3)	11113、1111(3)、1222(3)	1111(3)

表 7-4 显示,潘集区开采煤层集中于 11-2 煤及 13-1 煤,其他煤层也有少量开采。通过对地表移动变形观测站进行分类,认为潘集区开采工作面地层采矿条件稳定,利于地表移动变形参数的求取。

表 7-4　按开采煤层的工作面分类

类别	潘一东矿	潘二矿	潘三矿	潘二矿（潘四东井）	朱集东矿
11-2 煤	1242(1)、1252(1)	—	—	—	1111(1)、1222(1)、1242(1)
13-1 煤	—	—	1622(3)	1111(3)、1222(3)	1111(3)
1 煤	—	—	—	11111	—
3 煤	—	—	—	11113	—
4 煤	—	11124	—	—	—
5 煤	—	11125	—	—	—

7.2　区域开采基岩与松散层的边界角和移动角解算

地表移动角值参数反映了地下开采对地表的影响程度、影响范围,角值参数与开采方法、岩石物理力学性质、煤层倾角、开采厚度与开采深度、采动次数、采空区尺寸、地形、地貌、松散层厚度等有关。对于淮南矿区,角值参数规律主要受采深、采厚、表土层厚度、采动次数、采动程度、工作面推进速度等的影响。

边界角是描述地表移动盆地边界的参数,包括走向边界角 δ_0、下山边界角 β_0 以及上山边界角 γ_0。移动角是描述地表危险移动边界的参数,包括走向移动角 δ、下山移动角 β 以及上山移动角 γ。一般认为边界角和移动角与采深、采厚、松散层厚度、采动程度、采动次数有关。

针对淮南矿区厚松散层条件下深部开采,松散层与基岩作为两种不同的介质,对开采造成的覆岩破坏具有不同的传播形式,区别基岩与松散层边界角、移动角对淮南矿区准确地划定相应保护边界具有重要的指导意义。而通过地表观测站的实测数据仅能确定综合边界角(10 mm 下沉为边界)与综合移动角($i = 3$ mm/m,$K = 0.2$ mm/m²,$\varepsilon = 2$ mm/m 为边界),如何通过开采几何条件及综合角量参数求取对应矿区的基岩与松散层移动角量,是一个需要研究的问题。

7.2.1 基本原理

按照综合边界角的定义,将下沉 10 mm 边界点沿松散层边界角 φ_0 投到基岩面上,基岩面投影点与采空区边界的连线与水平线在煤柱一侧的夹角为基岩边界角。如图 7-1 所示,φ_0 为松散层边界角,δ_0 为走向基岩边界角,δ_{0z} 为走向综合边界角。同理,下山基岩边界角为 β_0,下山综合边界角为 β_{0z};上山基岩边界角为 γ_0,上山综合边界角为 γ_{0z}。

按照综合移动角的定义,取 $i = 3$ mm/m,$K = 0.2$ mm/m²,$\varepsilon = 2$ mm/m 最外边界的点,将其按照松散层移动角 φ 投到基岩面上,基岩面投影点与采空区边界的连线与水平线在煤柱一侧的夹角为基岩移动角。如图 7-1 所示,φ 为松散层移动角,δ 为走向基岩移动角,δ_z 为走向综合移动角。同理,下山基岩移动角为 β,下山综合移动角为 β_z;上山基岩移动角为 γ,上山综合移动角为 γ_z。

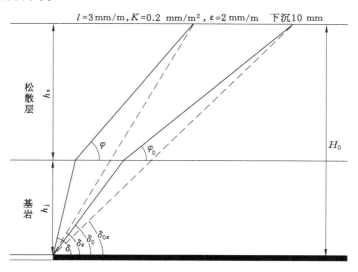

图 7-1 松散层与基岩角量参数确定图(走向)

从图 7-1 中可以看出,对于走向边界角有:

$$H_0 \cot \delta_{0z} = h_s \cot \varphi_0 + h_j \cot \delta_0 \tag{7-1}$$

对于走向移动角有:

$$H_0 \cot \delta_z = h_s \cot \varphi + h_j \cot \delta \tag{7-2}$$

式中　H_0, h_s, h_j——设站工作面的平均采深、松散层厚度和基岩厚度，根据地质采矿资料获取；

δ_{0z}, δ_z——利用观测站实测资料计算的走向综合边界角、走向综合移动角；

$\varphi_0, \varphi, \delta_0, \delta$——待求的松散层边界角和移动角、基岩走向边界角和移动角。

由式(7-1)和式(7-2)可以看出，利用一个观测站的资料可以列出两个方程，但要解算 4 个未知数，没有唯一解。要获得唯一解，至少需要两个观测站的实测资料。若考虑削弱测量误差及异常值的影响，应至少需要 4 个观测站的实测资料。因此，在"7.1 观测站分类"中的 5 类观测站中，每类观测站中至少要包含 4 个观测站的实测资料。

同理，对于下山边界角有：

$$H_1 \cot \beta_{0z} = h_s \cot \varphi_0 + h_{j1} \cot \beta_0 \tag{7-3}$$

对于下山移动角有：

$$H_1 \cot \beta_z = h_s \cot \varphi + h_{j1} \cot \beta \tag{7-4}$$

式中　H_1, h_{j1}——设站工作面的下山方向平均采深、基岩厚度，根据地质采矿资料获取；

β_{0z}, β_z——利用观测站实测资料计算的下山综合边界角、下山综合移动角；

φ_0, φ——松散层边界角和移动角，已按式(7-1)和式(7-2)解算获得；

β_0, β——待求的基岩下山边界角和移动角。

对于上山边界角有：

$$H_2 \cot \gamma_{0z} = h_s \cot \varphi_0 + h_{j2} \cot \gamma_0 \tag{7-5}$$

对于上山移动角有：

$$H_2 \cot \gamma_z = h_s \cot \varphi + h_{j2} \cot \gamma \tag{7-6}$$

式中　H_2, h_{j2}——设站工作面的上山方向平均采深、基岩厚度，根据地质采矿资料获取；

γ_{0z}, γ_z——利用观测站实测资料计算的上山综合边界角、上山向综合移动角；

φ_0, φ——松散层边界角和移动角，已按式(7-1)和式(7-2)解算获得；

γ_0, γ——待求的基岩上山边界角和移动角。

将上述方程进行联合，有：

$$\left. \begin{array}{l} H_0 \cot \delta_{0z} = h_s \cot \varphi_0 + h_j \cot \delta_0 \\ H_1 \cot \beta_{0z} = h_s \cot \varphi_0 + h_{j1} \cot \beta_0 \\ H_2 \cot \gamma_{0z} = h_s \cot \varphi_0 + h_{j2} \cot \gamma_0 \\ H_0 \cot \delta_z = h_s \cot \varphi + h_j \cot \delta \\ H_1 \cot \beta_z = h_s \cot \varphi + h_{j1} \cot \beta \\ H_2 \cot \gamma_z = h_s \cot \varphi + h_{j2} \cot \gamma \end{array} \right\} \tag{7-7}$$

式(7-7)中各参数的含义参见上述说明。即利用一个观测站资料可列立 6 个方程，未知数个数为 8 个。理论上来说，利用两个观测站资料采用最小二乘算法，即可获得唯一解。

7.2.2　沉陷区角量参数

1. 已有观测站观测结果联合解算

表 7-5 所示为潘集矿区 15 个工作面联合解算松散层、走向基岩、上山基岩及下山基岩移动角和边界角的结果。

表 7-5　联合计算结果 　　　　　　　　　　　　　　　　单位：（°）

松散层边界角	松散层移动角	基岩走向边界角	基岩走向移动角	基岩上山边界角	基岩上山移动角	基岩下山边界角	基岩下山移动角
46.92	56.76	61.88	82.93	54.56	80.83	54.56	74.76

2. 按煤层倾角划分

通过煤层倾角对潘集矿区工作面进行分类，根据分类结果解算相关角量参数，将其结果列于表 7-6 中。

表 7-6　按照煤层倾角划分后解算结果 　　　　　　　　　单位：（°）

观测站类型	松散层边界角	松散层移动角	基岩走向边界角	基岩走向移动角	基岩上山边界角	基岩上山移动角	基岩下山边界角	基岩下山移动角
煤层倾角 $\alpha < 8°$	65.36	51.07	53.65	85.25	49.83	86.32	48.43	80.27
煤层倾角 $\alpha \geq 8°$	47.74	64.03	62.35	82.12	44.91	70.14	45.99	65.30

3. 按煤层采厚划分

通过煤层采厚对潘集矿区工作面进行分类，根据分类结果解算相关角量参数，将其结果列于表 7-7 中。

表 7-7　按照煤层厚度划分解算结果 　　　　　　　　　　单位：（°）

观测站类型	松散层边界角	松散层移动角	基岩走向边界角	基岩走向移动角	基岩上山边界角	基岩上山移动角	基岩下山边界角	基岩下山移动角
煤层厚度 $m < 3.5$ m	52.48	51.07	58.51	83.27	53.18	79.89	52.68	72.30
煤层厚度 $m \geq 3.5$ m	47.31	58.51	63.85	88.78	42.25	86.87	44.70	83.72

4. 按开采煤层划分

通过开采煤层对潘集矿区工作面进行分类，根据分类结果解算相关角量参数，将其结果列于表 7-8 中。

表 7-8　按照开采厚度划分解算结果 　　　　　　　　　　单位：（°）

观测站类型	松散层边界角	松散层移动角	基岩走向边界角	基岩走向移动角	基岩上山边界角	基岩上山移动角	基岩下山边界角	基岩下山移动角
11-2 煤	72.40	88.44	51.65	67.54	47.01	65.35	46.93	60.84
13-1 煤	48.37	56.60	62.94	88.28	47.42	85.89	44.08	81.73

在进行分类角量参数求取时，由于分布采矿条件下的工作面数量较小，部分解算结果出现如松散层角量参数大于基岩角量参数等不合理数据。同时考虑潘集矿区内工作面地质采

矿条件较为稳定,根据最小二乘理论,工作面数量较多时解算参数精度更高,因此选取潘集矿区所有工作面联合解算结果为推荐参数(表7-9中参数)。

表7-9　潘集矿区松散层及基岩角量参数推荐值　　　　　单位:(°)

松散层边界角	松散层移动角	基岩走向边界角	基岩走向移动角	基岩上山边界角	基岩上山移动角	基岩下山边界角	基岩下山移动角
46.92	56.76	61.88	82.93	54.56	80.83	54.56	74.76

7.3　概率积分法预计参数解算

概率积分法因其所用的移动和变形预计公式中含有概率积分参数而得名。由于这种方法的基础是随机介质理论,所以又叫随机介质理论法。随机介质理论首先由波兰学者利特维尼申于20世纪50年代引入岩层移动研究,后由我国学者刘宝琛等发展为概率积分法。经过我国开采沉陷工作者几十年的研究,目前已成为我国较为成熟的应用极为广泛的预计方法之一。

本书收集淮南矿区几十个观测站的资料,获得各观测站开采沉陷预计的5个基本参数,即主要影响角的正切 $\tan\beta$、拐点偏移距 $S(S_左,S_右,S_上,S_下)$、最大下沉系数 q、水平移动系数 b 和影响传播角 θ_0。但这些参数,是在其对应的地质采矿条件下获得的。建立观测站的目的之一,是通过分析观测站的地表移动变形基本规律,预测类似地质采矿条件下的地表移动变形规律,从而指导生产实践。

淮南矿区地质采矿条件差异较大,在分析观测站的地表移动变形基本规律及其主要影响因素的条件下,通过适当的数据处理方法获得在一定地质采矿条件下该矿区开采沉陷预计的5个基本参数是本章节要解决的关键问题之一。

7.3.1　概率积分法预计参数的主要影响因素分析

与概率积分法参数预计密切相关的地质采矿因素有覆岩岩性(用覆岩平均坚固性系数 f 表示)、采高、煤层埋藏深度、松散层厚度、煤层倾角、采动程度(分为走向采动程度和倾向采动程度)、重复采动、工作面推进速度、地质构造、工作面尺寸、开采方法及顶板管理方法等因素。对于淮南矿区而言,收集了几十个观测站的资料,其地质采矿条件各异,概率积分法预计参数也有所不同。在这些概率积分法预计参数中,受哪些主要地质采矿因素的影响,既是进行观测站分类的依据,也是解算潘集矿区区域参数的需要。本书研究中采用灰色关联分析方法和主成分分析方法获取对概率积分法预计参数产生影响的主要地质采矿因素。

1. 灰色关联分析方法

灰色关联分析法是数据分析中常用的方法,也是灰色系统理论中最重要的分析方法。该方法依据数据曲线几何形状的相似程度来判断数据序列间的关联性,数据序列间的变化趋势越相同,则认为数据序列间关系越密切,或关联度越高。它对样本的数量和规律性要求不高,计算量小,且不会引起量化结果与定性分析结果不符的情况。

设系统特征行为数据序列(如概率积分参数)为 X_0,m 个相关因素序列(地质采矿条件)为 X_m,则有:

$$\left.\begin{array}{l} X_0 = \left[x_0(1),x_0(2),x_0(3),\cdots,x_0(n)\right] \\ X_1 = \left[x_1(1),x_1(2),x_1(3),\cdots,x_1(n)\right] \\ \quad\vdots \\ X_m = \left[x_m(1),x_m(2),x_m(3),\cdots,x_m(n)\right] \end{array}\right\} \qquad (7\text{-}8)$$

由于系统特征行为数据序列和相关因素序列的量纲可能不同,需要通过算子作用使之成为无量纲的数据,即需要求得各个数据序列的初值像。将系统特征行为数据序列初值像记为 X_0',相关因素序列的初值像记为 X_i',于是有:

$$\left.\begin{array}{l} X_0' = X_0/x_0(1) = \left[x_0'(1),x_0'(2),x_0'(3),\cdots,x_0'(n)\right] \\ X_1' = X_1/x_1(1) = \left[x_1'(1),x_1'(2),x_1'(3),\cdots,x_1'(n)\right] \\ \quad\vdots \\ X_m' = X_m/x_m(1) = \left[x_m'(1),x_m'(2),x_m'(3),\cdots,x_m'(n)\right] \end{array}\right\} \qquad (7\text{-}9)$$

则按下式求得关联系数 $\gamma[x_0(k),x_i(k)]$:

$$\gamma[x_0(k),x_i(k)] = \frac{\min\limits_{i}\min\limits_{k}|x_0(k)-x_i(k)| + \xi\min\limits_{i}\min\limits_{k}|x_0(k)-x_i(k)|}{|x_0(k)-x_i(k)| + \xi\min\limits_{i}\min\limits_{k}|x_0(k)-x_i(k)|} \qquad (7\text{-}10)$$

式中　i——1 到 m;

k——1 到 n;

ξ——分辨系数,取值 0.5。

则可得灰色关联度 $\gamma(X_0,X_i)$:

$$\gamma(X_0,X_i) = \frac{1}{n}\sum_{k=1}^{n}\gamma(|x_0(k)-x_i(k)|) \qquad (7\text{-}11)$$

影响概率积分法参数的地质采矿因素很多,有些因素可以定量分析,而像采煤方法、是否重复采动等因素无法定量。因此,在采用灰色关联分析时需选用常见且可定量的地质采矿因素作为分析影响预计参数的因素,比如上覆岩层平均坚固性系数 f、采厚 m、采深 H、松散层厚度 h、煤层倾角 α 等。

根据收集的观测站数据构造影响因素的数据矩阵,并分别对概率积分法预计参数进行灰色关联分析,按照重要因素关联度大于 0.7 的原则,即可确定影响概率积分法预计参数的主要因素及观测站分类指标。

2. 主成分分析法

主成分分析也称主分量分析,旨在利用降维的思想,把多指标转化为少数几个综合指标(即主成分),其中每个主成分都能够反映原始变量的大部分信息,且所含信息互不重复。这种方法在引进多方面变量的同时将复杂因素归结为几个主成分,使问题简单化,同时可得到结果更加科学有效的数据信息。在实际问题研究中,为了全面、系统地分析问题,我们必须考虑众多影响因素。这些涉及的因素一般称为指标,在多元统计分析中又称为变量。因为每个变量都在不同程度上反映了所研究问题的某些信息,并且指标之间彼此有一定的相关性,因而所得的统计数据反映的信息在一定程度上有重叠。

设收集了 n 个观测站资料(样本),p 个地质采矿条件(变量),得到的原始数据矩阵 $X=(x_{ij})_{np}$。其中,$i=1,2,\cdots,n;j=1,2,\cdots,p$。

(1) 对原始数据矩阵无量纲化处理

常用的无量纲化方法是对数据的标准化处理,但标准化在消除量纲或数量级影响的同时,也抹平了各指标在变异程度上的差异。这里采用均值化处理方法,令:

$$y_{ij} = \frac{x_{ij}}{\bar{x}_j} \tag{7-12}$$

$$\bar{x}_j = \frac{1}{n} \sum_{k=1}^{n} x_{kj} \quad j = 1,2,\cdots,p \tag{7-13}$$

可得到均值化数据 $Y = (y_{ij})_{np}$。

（2）选择主成分

计算指标间的协方差矩阵 $S = (s_{ij})_{np}$ 及其特征值 $\lambda_1 \geqslant \lambda_2 \cdots \geqslant \lambda_p \geqslant 0$ 和正则化单位特征向量 $E_j = (e_{11} \quad e_{21} \cdots e_{pj})^T$,其中:

$$s_{ij} = \frac{1}{n-1} \sum_{k=1}^{n} (x_{ki} - \bar{x}_i)(x_{kj} - \bar{x}_j) \quad i,j = 1,2,\cdots,p \tag{7-14}$$

可得到主成分 $F_j = YE_j (j=1,2,\cdots,p)$;第 j 个主成分的方差贡献率为:

$$\alpha_j = \lambda_j / \sum_{m=1}^{p} \lambda_m \tag{7-15}$$

方差贡献率可解释为主成分 F_j 所反映的信息量;主成分的累计方差贡献率为:

$$G(r) = \sum_{j=1}^{r} \alpha_j \tag{7-16}$$

当 $G(r)$ 达到足够大时（一般不小于85%）,取前 r 个主成分 $(F_1,F_2,\cdots,F_r)$,即可认为这 r 个主成分综合体现原来 p 个评价指标的信息,亦即获得了影响概率积分法预计参数的主要因素及观测站分类指标。

7.3.2 概率积分法预计参数的解算

1. 主成分分析法

通过灰色关联分析和主成分分析,获得了影响概率积分法预计参数的主成分,据此形成了新的样本数据集,然后即可利用新样本数据集进行回归分析。

采用多元线性回归方法,建立主成分与概率积分法预计参数之间的函数模型,函数模型的表达式为:

$$y = AF + f \tag{7-17}$$

式中 $y = [q \ b \ \tan\beta \ \theta_0 \ S_左 \ S_右 \ S_上 \ S_下]^T$;

A——系数矩阵;

$F = [F_1 F_2 \cdots F_r]^T$,可选用新样本数据集中的部分观测站 (n_1) 数据解算。

为评价回归模型的正确性,从内部符合精度和外部检核精度两方面进行评价。对于内部符合精度采用中误差 (E_{MS}) 和平均绝对误差百分率 (E_{MAP}) 进行评定。E_{MS} 为模型的拟合误差,E_{MAP} 为模型的相对误差,则:

$$E_{MS} = \pm \sqrt{\frac{1}{n_1} \sum (p_i - \hat{p}_i)^2} \tag{7-18}$$

$$E_{MAP} = \frac{1}{n_1} \sum (|p_i - \hat{p}_i| / p_i) \times 100\% \tag{7-19}$$

式中 p_i——概率积分法预计参数的实测值;

$\hat{p}_i$——利用解算的回归模型按式(7-19)计算的概率积分法预计参数;

n_1——解算回归模型参数时所利用的观测站数量。

评价回归模型正确性的外部检核精度时,仍采用中误差(E_{MS})和平均绝对误差百分率(E_{MAP})按类似于式(7-20)和式(7-21)进行评定。

$$E_{MS} = \pm \sqrt{\frac{1}{n_2} \sum (p_i - \hat{p}_i)^2} \tag{7-20}$$

$$E_{MAP} = \frac{1}{n_2} \sum (|p_i - \hat{p}_i| / p_i) \times 100\% \tag{7-21}$$

式中　p_i——概率积分法预计参数的实测值;

$\hat{p}_i$——利用解算的回归模型按式(7-19)计算概率积分法预计参数;

n_2——未参加回归模型参数解算的观测站数量,且 $n = n_1 + n_2$,n 为收集到的观测站总数。

2. 人工神经网络方法

人工神经网络(Artificial Neural Network,ANN),是 20 世纪 80 年代以来人工智能领域兴起的研究热点。它从信息处理角度对人脑神经元网络进行抽象,建立某种简单模型,按不同的连接方式组成不同的网络。在工程与学术界常直接简称为神经网络或类神经网络。神经网络是一种运算模型,由大量的节点(或称神经元)之间相互联接构成。每个节点代表一种特定的输出函数,称为激励函数(Activation Function)。每两个节点间的连接都代表一个通过该连接信号的加权值,称之为权重,这相当于人工神经网络的记忆。网络的输出则依网络的连接方式、权重值和激励函数的不同而不同。而网络自身通常都是对自然界某种算法或者函数的逼近,也可能是对一种逻辑策略的表达。

7.3.3　沉陷区预计参数

1. 解算结果

(1) 灰色关联分析方法

本研究共整理潘集矿区 15 个工作面地表移动变形观测站资料,选取 12 个观测站数据作为训练数据(潘一矿 5 个、潘三矿 2 个、潘二矿(潘四东井)3 个及朱集东矿 2 个),利用灰色关联分析方法判断地质采矿条件与概率积分法预计参数之间的关联性。选取的地质采矿条件参数包括:松散层厚度、采高、煤层倾角、采深、采动程度(倾向)及推进速度,概率积分法预计参数包括:下沉系数、主要影响角正切值、水平移动系数、开采影响传播角及拐点偏移距。根据关联性分析结果,选取关联度大于 0.7 的地质采矿条件参数作为概率积分预计参数的主要影响指标。通过多元线性回归方法建立主要影响指标与概率积分法预计参数之间的线性模型。

① 下沉系数 q

根据分析结果,下沉系数与地质采矿条件之间的关联系数分别为:松散层厚度(0.71)、采高(0.86)、煤层倾角(0.80)、采深(0.92)、采动程度(0.91)及推进速度(0.90)。其中以采深对下沉系数的影响最大,而松散层厚度的影响最小。由于所有地质采矿条件的关联系数均大于 0.7,因此选取上述 6 个地质采矿条件并建立其与下沉系数之间的线性模型,结果如下:

$$q = -0.000\,8h_s + 0.032\,2m - 0.000\,4\alpha - 0.000\,6H +$$
$$0.434\,8n - 0.037\,9v + 1.434\,3 \tag{7-22}$$

其中采动程度的系数最大且与下沉系数成正比。模型拟合误差 $E_{MS} = 0.170\,4$，模型相对误差 $E_{MAP} = 15.27\%$。

② 主要影响角正切值 $\tan\theta$

主要影响角正切值与地质采矿条件之间的关联系数分别为：松散层厚度（0.78）、采高（0.91）、煤层倾角（0.81）、采深（0.91）、采动程度（0.91）及推进速度（0.92）。其中以推进速度对主要影响角正切值的影响最大，而松散层厚度的影响最小。由于所有地质采矿条件的关联系数均大于 0.7，因此选取上述 6 个地质采矿条件并建立其与主要影响角正切值之间的线性模型，结果如下：

$$\tan\theta = 0.000\,0h_s + 0.118\,1m - 0.028\,4\alpha - 0.001\,0H -$$
$$3.004\,4n + 0.165\,5v + 2.405\,0 \tag{7-23}$$

其中采动程度的系数最大且与主要影响角正切值成反比。模型拟合误差 $E_{MS} = 0.271\,9$，模型相对误差 $E_{MAP} = 13.79\%$。

③ 水平移动系数 b

水平移动系数与地质采矿条件之间的关联系数分别为：松散层厚度（0.73）、采高（0.88）、煤层倾角（0.79）、采深（0.95）、采动程度（0.93）及推进速度（0.91）。其中以采深对水平移动系数的影响最大，而松散层厚度的影响最小。由于所有地质采矿条件的关联系数均大于 0.7，因此选取上述 6 个地质采矿条件建立与水平移动系数之间的线性模型，结果如下：

$$b = -0.000\,2h_s + 0.021\,6m - 0.001\,2\alpha + 0.000\,1H -$$
$$0.430\,0n + 0.012\,8v + 0.340\,9 \tag{7-24}$$

其中采动程度的系数最大且与水平移动系数成反比。模型拟合误差 $E_{MS} = 0.049\,6$，模型相对误差 $E_{MAP} = 12.82\%$。

④ 开采影响传播角 θ_0

开采影响传播角与地质采矿条件之间的关联系数分别为：松散层厚度（0.78）、采高（0.92）、煤层倾角（0.81）、采深（0.90）、采动程度（0.92）及推进速度（0.90）。其中采高对开采影响传播角的影响最大，而松散层厚度的影响最小。由于所有地质采矿条件的关联系数均大于 0.7，因此选取上述 6 个地质采矿条件建立与开采影响传播角之间的线性模型，结果如下：

$$\theta_0 = 0.012\,9h_s - 0.183\,0m - 0.492\,8\alpha - 0.004\,3H -$$
$$1.440\,8n + 0.559\,1v + 88.453\,5 \tag{7-25}$$

其中采动程度的系数最大且与开采影响传播角成反比。模型拟合误差 $E_{MS} = 2.423\,4$，模型相对误差 $E_{MAP} = 2.22\%$。

⑤ 拐点偏移距 s/H

由于拐点偏移距变化范围较大，因此在本章节中以上山、下山方向拐点偏移距平均值为训练目标，采用灰色关联分析方法对其进行分析。根据分析结果，拐点偏移距与地质采矿条件之间的关联系数分别为：松散层厚度（0.78）、采高（0.93）、煤层倾角（0.82）、采深（0.91）、采动程度（0.92）及推进速度（0.90）。其中以采动程度对拐点偏移距的影响最大，而松散层厚度的影响最小。由于所有地质采矿条件的关联系数均大于 0.7,因此选取上述 6 个地质采矿条件并建立与拐点偏移距 s/H 之间的线性模型,结果如下:

$$\frac{s}{H} = -0.000\,04h_s - 0.003\,54m - 0.001\,33\alpha - 0.000\,09H -$$

$$0.205\,08n - 0.001\,04v + 0.205\,09 \tag{7-26}$$

其中采动程度的系数最大且与下沉系数成正比。模型拟合误差 $E_{MS} = 0.0195$,模型相对误差 $E_{MAP} = 54.97\%$。

（2）主成分分析法

采用主成分分析法对潘集矿区工作面地质采矿条件参数进行处理,其中地质采矿条件包括:松散层厚度、采高、煤层倾角、采深、采动程度（倾向）及推进速度,结果如表 7-10 所示。

表 7-10　主成分分析结果

编号	特征值	贡献率/%	累计贡献率/%
1	3.63	73.01	73.01
2	0.95	19.17	92.17
3	0.24	4.80	96.97
4	0.09	1.85	98.82
5	0.04	0.77	99.58
6	0.02	0.42	100.00

由上表可知,前两项主成分累计效率为 92.17%,因此需对前两项主成分进行分析,则主成分表达式为:

$$y_1 = -0.017\,8h_s - 0.083\,9m - 0.213\,1\alpha + 0.099\,5H - 0.018\,2n + 0.968v$$

$$y_2 = 0.045\,6h_s + 0.025\,3m + 0.953\alpha - 0.103\,2H - 0.173\,2n + 0.220\,2v$$

以主成分为依据,对概率积分预计参数进行回归分析,结果如下:

$$q = -0.07\,94y_1 + 0.043\,0y_2 + 0.875\,4 \tag{7-27}$$

模型拟合误差 $E_{MS} = 0.156\,1$,模型相对误差 $E_{MAP} = 16.689\,0\%$。

$$\tan\theta = 0.029\,5y_1 - 0.267\,7y_2 + 1.714\,6 \tag{7-28}$$

模型拟合误差 $E_{MS} = 0.351\,1$,模型相对误差 $E_{MAP} = 17.095\,8\%$。

$$b = 0.005\,4y_1 - 0.005\,4y_2 + 0.33 \tag{7-29}$$

模型拟合误差 $E_{MS} = 0.069\,2$,模型相对误差 $E_{MAP} = 16.158\,7\%$。

$$\theta_0 = 1.215\,7y_1 - 6.216\,6y_2 + 84.863\,1 \tag{7-30}$$

模型拟合误差 $E_{MS} = 2.862\,4$,模型相对误差 $E_{MAP} = 2.382\,1\%$。

$$\frac{s}{H} = -0.005\,2y_1 - 0.002y_2 + 0.039\,8 \tag{7-31}$$

模型拟合误差 $E_{MS} = 0.0193$,模型相对误差 $E_{MAP} = 61.1694\%$。

（3）神经网络算法

采用 MATLAB 神经网络工具箱进行神经网络的训练及预测。模型输入数据为概率积分法预计参数,包括松散层厚度、采高、煤层倾角、采深、采动程度（倾向）及推进速度;模型输出为概率积分法预计参数,包括下沉系数、主要影响角正切值、水平移动系数、开采影响传播角及拐点偏移距。在训练模型的建立中,输入层节点数为6,输出层节点数为5;经过试验对比分析,将隐藏层神经元个数设置为6;选取S型正切函数tansig作为隐藏层神经元激励函数;网络迭代最高次数设置为5000次,期望误差为1×10^{-6},学习速率为0.01。该网络通过1 362次重复学习后误差为9.8×10^{-7},小于期望误差,完成神经网络模型训练。

2. 解算结果评价

表7-11中列出了采用灰色关联分析及主成分分析法对地质采矿条件进行分析处理后多元线性回归模型的拟合误差(E_{MS})及相对误差(E_{MAP})。

表 7-11　多元线性回归误差对比

参数方法	q		$\tan\theta$		b		θ_0		s/H	
	E_{MS}	$E_{MAP}/\%$	E_{MS}	$E_{MAP}/\%$	E_{MS}	$E_{MAP}/\%$	E_{MS}	$E_{MAP}/\%$	E_{MS}	$E_{MAP}/\%$
灰色关联	0.17	15.27	0.27	13.79	0.05	12.82	2.42	2.22	0.019	54.97
主成分分析	0.16	16.68	0.35	17.09	0.07	16.157	2.86	2.38	0.019	61.17

对比表7-11中数据可知,利用两种方法进行数据分析后的建模误差大致相同,其中灰色关联算法在下沉系数、主要影响角正切值、开采影响角、水平移动系数及拐点偏移距的建模精度高于主成分分析法。

为进一步验证不同算法在概率积分预测中的精度,本章节中采用潘二矿11124及11125工作面作为验证数据集,分别采用7.3.2节中的三种算法对工作面概率积分法预计参数进行预测,并与实测数据进行对比分析。将11124及11125工作面实测及预测参数列于表7-12中。

表 7-12　测试数据误差分析

参　数		方　法							
		实测值		灰色关联		主成分分析		神经网络算法	
		11124	11125	11124	11125	11124	11125	11124	11125
q	参数值	1.01	1.15	1.14	1.23	0.91	0.92	0.99	1.28
	绝对偏差	—	—	0.13	0.08	0.10	0.23	0.02	0.13
	相对偏差/%	—	—	12.67	7.20	9.90	20	1.98	11.30
$\tan\theta$	参数值	1.06	1.56	1.81	1.10	1.79	1.81	1.28	1.41
	绝对偏差	—	—	0.75	0.46	0.73	0.25	0.22	0.15
	相对偏差/%	—	—	70.92	29.19	68.87	16.03	20.69	9.49
b	参数值	0.36	0.18	0.32	0.19	0.33	0.33	0.32	0.27
	绝对偏差	—	—	0.04	0.01	0.03	0.15	0.04	0.09
	相对偏差/%	—	—	11.17	6.72	8.33	83.33	11.13	52.04
θ_0	参数值	88.65	86.20	85.28	85.37	86.28	86.78	87.48	74.42
	绝对偏差	—	—	3.37	0.83	2.37	0.58	1.17	11.78
	相对偏差/%	—	—	3.80	0.96	2.67	0.67	1.33	13.67

表 7-12（续）

参　　数		方　　法							
		实测值		灰色关联		主成分分析		神经网络算法	
		11124	11125	11124	11125	11124	11125	11124	11125
s/H	参数值	0.075 2	0.038 4	0.064 8	0.057 8	0.043 9	0.044 6	0.065 2	0.049 4
	绝对偏差	—	—	0.010 4	0.019 4	0.031 3	0.006 2	0.01	0.011
	相对偏差/%			13.83	50.52	41.62	16.15	13.30	28.65

由表 7-12 可知：① 下沉系数。三种预测方法中神经网络算法预测的下沉系数最高，其中 11124 工作面相对误差仅为 −1.98%，灰色关联方法及主成分分析法计算误差在 10% 左右。② 主要影响角正切值。灰色关联分析法预测值的偏差最大，相比而言神经网络算法的误差最小且较为稳定。③ 水平移动系数。利用灰色关联分析法预测的水平移动系数精度最高，而其他两种算法的误差较大。④ 开采影响传播角。利用灰色关联分析法及主成分分析法的预测结果精度较高且较为稳定，相比而言神经网络算法的精度较低。⑤ 拐点偏移距。利用三种方法预计的拐点偏移距结果均出现了较大误差，其中主成分分析法和神经网络法的精度略高于灰色关联分析法。

经分析研究，研究区各矿井矿区预计参数及角量参数如表 7-13 所示，基岩与松散层边界角、移动角参数如表 7-14 所示。

表 7-13　潘集矿区预计参数及角量参数汇总表

矿名	工作面名称	预　计　参　数								移动角/(°)			边界角/(°)		
		q	b	θ	$\tan\beta$	$S_{下}/m$	$S_{上}/m$	$S_{左}/m$	$S_{右}/m$	走向	上山	下山	走向	上山	下山
潘一矿	1242(1)	1.42	0.468	78.25	1.67	−17.9	18.7	100	2.5	86.92	84.85	—	58.02	54.38	—
	1252(1)	0.75	0.3	88	1.8	90	−29	40	114	59.07	55.00	55.22	55.52	50.77	51.32
潘二矿	11124	1.01	0.368	—	1.06		30				60.00			67.20	
	11125	1.15	0.18		1.56		15				66.90			53.80	
潘三矿	12123	0.92	0.3	90	2	−25	−45	35	0	55.86	52.42				
	15523	0.77	0.32	87	1.6	−10	−35	0	0	60.90	59.62	56.56			
	1622(3)	1.02	0.32	86.2	2.34	33	5	117	−46	75.20	67.90	70.40	47.20	52.90	47.40
潘二矿（潘四东井）	11111	1.1	2.15	0.25	86.75	1	−9	2	2	66.28	70.00		55.57	48.71	
	11113	1	2	0.32	88	−18	−31	11	21	70.20	66.80	65.50	46.40	46.20	
	1111(3)	0.95	1.2	0.35	81.5	−28	20	−7	−2	64.50	65.50	63.10	49.40	48.30	45.40
	1222(3)	0.99	1.28	0.32	69	20	−20	38	−25	62.00	—	51.15	53.72	—	47.82
朱集东矿	1111(1)	0.46	1.7	0.34	89	8	5	110	−10	79.90	69.45	66.30	58.08	44.88	46.97
	1111(3)	0.56	2.54	0.5	90	−30	−50	65	86	81.47	80.02	—	58.48	46.87	—
	1222(1)	0.86	1.9	0.39	89	21	16	24	21	74.50	78.13	—	56.40	60.63	—
	1242(1)	0.53	1.65	0.42	87	−41	52	23	6	71.53	71.28	64.98	55.65	55.93	55.82

表 7-14 　基岩与松散层边界角、移动角　　　　　　　　单位：(°)

区域	采矿要素		松散层边界角	松散层移动角	基岩走向边界角	基岩走向移动角	基岩上山边界角	基岩上山移动角	基岩下山边界角	基岩下山移动角
潘集区	煤层倾角	煤层倾角 α<8°	65.36	51.07	53.65	85.25	49.83	86.32	48.43	80.27
		煤层倾角 α≥8°	47.74	64.03	62.35	82.12	44.91	70.14	45.99	65.3
	煤层厚度	煤层厚度 m<3.5 m	52.48	51.07	58.51	83.27	53.18	79.89	52.68	72.3
		煤层厚度 m≥3.5 m	47.31	58.51	63.85	88.78	42.25	86.87	44.7	83.72
	开采深度	11-2 煤	72.4	88.44	51.65	67.54	47.01	65.35	46.93	60.84
		13-1 煤	48.37	56.6	62.94	88.28	47.42	85.89	44.08	81.73
	总参数		46.92	56.76	61.88	82.93	54.56	80.83	54.56	74.76

7.4　沉陷水域未来 5 年发展趋势及水资源量预测

当地下煤炭被采出后，将在原位形成采空区，随着采空区面积增大，上覆岩层将会发生移动与变形，当采空区面积达到一定程度后，上覆岩层的变形和破坏将会影响到地表，引起地面沉陷，从而在采空区上方地表形成一个比采空区面积大得多的沉陷区域——地表移动盆地，并且当地面沉陷至地下潜水位以下时将产生地表积水，形成地表沉陷区水资源。

7.4.1　开采沉陷预计模型

在我国煤矿开采沉陷预计方法中概率积分法是最为成熟可靠，也是应用最广泛的方法。在淮南矿区，大量的应用证明：当地的地质采矿条件下，长壁垮落法开采引起的地表移动变形呈连续渐变的特点，地表变形规律符合概率积分法模型特点。项目采用概率积分法对其未来的地表沉陷进行预计。

概率积分法预计模型一般针对矩形开采工作面，对于非矩形开采工作面，可将其划分为多个矩形采面进行预计，具体预计模型如下：

（1）任意点 $A(x,y)$ 的下沉值 $W(x,y)$

$$W(x,y)=W_{cm}C_x'C_y' \tag{7-32}$$

其中：

$$C_x'=\frac{1}{\sqrt{\pi}}\left(\int_0^{\frac{x\sqrt{\pi}}{r}}e^{-\lambda^2}\cdot d\lambda-\int_0^{\frac{(x-L)\sqrt{\pi}}{r}}e^{-\lambda^2}\cdot d\lambda\right) \tag{7-33}$$

$$C_y'=\frac{1}{\sqrt{\pi}}\left(\int_0^{\frac{y\sqrt{\pi}}{r}}e^{-\lambda^2}\cdot d\lambda-\int_0^{\frac{(y-t)\sqrt{\pi}}{r}}e^{-\lambda^2}\cdot d\lambda\right) \tag{7-34}$$

式中　W_{cm}——充分采动条件下地表大下沉值，$W_{cm}=m\cdot q\cdot\cos\alpha$；

m——采出煤层厚度；

q——地表下沉系数；

α——煤层倾角；

C_x',C_y'——待求点在走向和倾向主断面上投影点处的下沉分布系数；

l,L——采区拐点平移后走向长度及倾斜方向在地表的计算开采宽度；

r，r_1，r_2——走向、下山、上山方向的主要影响半经；

x，y——待求点坐标。

（2）地表任意点 $A(x,y)$ 沿 φ 方向倾斜变形值 $T(x,y)$

$$T(x,y) = T_x C_y' \cos\varphi + T_y C_x' \sin\varphi \tag{7-35}$$

$$T(x,y) + 90 = -T_x C_y' \sin\varphi - T_y C_x' \cos\varphi \tag{7-36}$$

$$T(x,y)_{\max} = T_x C_y' \cos\varphi_T + T_y C_x' \sin\varphi_T \tag{7-37}$$

$$\varphi_1 = \arctan(T_y C_x' / T_x C_y') \tag{7-38}$$

式中　$T(x,y)_{\max}$——待求点的最大倾斜值，mm/m；

φ_T——最大倾斜值方向与 OX 轴的夹角（沿逆时针方向旋转），(°)；

T_x，T_y——待求点沿走向和倾向在主断面投影点处迭加后的倾斜变形值，mm/m。

（3）地表任意点 $A(x,y)$ 沿 φ 方向的曲率变形 $K(x,y)$

$$K(x,y) = K_x C_y' \cos2\varphi + K_y C_x' \sin2\varphi + (T_x T_y / W_{cm}) \sin2\varphi \tag{7-39}$$

$$K(x,y) + 90 = K_x C_y' \sin2\varphi + K_y C_x' \cos2\varphi - (T_x T_y / W_{cm}) \sin2\varphi \tag{7-40}$$

$$K(x,y)_{\max} = K_x C_y' \cos2\varphi + K_y C_x' \sin2\varphi + (T_x T_y / W_{cm}) \sin2\varphi_k \tag{7-41}$$

$$K(x,y)_{\min} = K(x,y) + K(x,y) + 90 - K(x,y)_{\max} \tag{7-42}$$

$$\varphi_k = \frac{1}{2}\arctan\frac{2T_x T_y}{W_{cm}(K_y C_y' - K_x C_y')} \tag{7-43}$$

式中　$K(x,y)_{\max}$，$K(x,y)_{\min}$——待求点的最大、最小曲率变形值；

K_x，K_y——待求点沿走向及倾向在主断面投影处迭加后的曲率值。

（4）地表任意点 $A(x,y)$ 沿 φ 方向的水平移动值 $U(x,y)$

$$U(x,y) = U_x C_y' \cos\varphi + U_y C_x' \sin\varphi \tag{7-44}$$

$$U(x,y) + 90 = -U_x C_y' \cos\varphi + U_y C_x' \sin\varphi \tag{7-45}$$

$$U(x,y)_{cm} = U_x C_y' \sin\varphi_u + U_y C_x' \cos\varphi_u \tag{7-46}$$

$$\varphi_u = \arctan(U_y C_x' / U_x C_y') \tag{7-47}$$

式中　φ_u——最大水平移动方向与 OX 轴的夹角；

U_x，U_y——待求点沿走向和倾向在主断面投影点处的水平移动值，mm。对于倾斜方向需添加 $C_y' \cdot W_{cm} \cdot \cot\theta$。

（5）地表任意点 $A(x,y)$ 沿 φ 方向的水平变形值 $\varepsilon(x,y)$

$$\varepsilon(x,y) = \frac{1}{n}\sum_{i=1}^{n}(P_1 + P_2 + \cdots + P_m) \tag{7-48}$$

$$\varepsilon(x,y) + 90 = \varepsilon_x C_y' \sin2\varphi + \varepsilon_y C_x' \cos2\varphi - [(U_x T_y U_y T_x)/W_{cm}]\sin\varphi \cdot \cos\varphi \tag{7-49}$$

$$\varepsilon(x,y)_{\max} = \varepsilon_x C_y' \cos2\varphi_\varepsilon + \varepsilon_y C_x' \sin2\varphi_\varepsilon + [(U_x T_y U_y T_x)/W_{cm}]\sin\varphi_\varepsilon \cdot \cos\varphi_\varepsilon \tag{7-50}$$

$$\varepsilon(x,y)_{\min} = \varepsilon(x,y) + \varepsilon(x,y) + 90 - \varepsilon(x,y)_{\max} \tag{7-51}$$

$$\varphi_\varepsilon = \frac{1}{2}\arctan\frac{U_x T_y + U_y T_x}{W_{cm}(\varepsilon_x C_y' - \varepsilon_y C_x')} \tag{7-52}$$

式中　$\varepsilon(x,y)_{\max}$，$\varepsilon(x,y)_{\min}$——待求点最大、最小水平变形值；

ε_x，ε_y——待求点沿走向及倾向在主断面投影处迭加后的水平变形值。

7.4.2　概率积分法预计参数的选取

淮南矿区多年来在不同的工作面地表布设了大量的观测站，取得了丰富的观测成果。

其中有代表性的观测成果被收录在《建筑物、水体、铁路及主要井巷煤柱留设与压煤开采指南》(以下简称《指南》)中,供参考利用。在本次预计中,利用历史文献,对比各个煤矿地质采矿条件,并参考《指南》中涉及淮南矿区矿山实测资料进行参数选用,详见表 7-15。

表 7-15　概率积分法预计参数表

参数名称	下沉系数	主要影响角正切	拐点移动距/m	水平移动系数	影响传播角/(°)
	q	$\tan\beta$	$S_左/S_右/S_下/S_上$	b	θ_0
潘二矿	0.92	1.8	0 / 0 / 0 /0	0.3	83
潘三矿	0.90	1.75	0 / 0 / 0 /0	0.34	85
潘二矿(潘四东井)	0.95	2.08	0 / 0 / 0 /0	0.36	82
朱集东矿	0.78	1.65	0 / 0 / 0 /0	0.27	89

当煤层群开采(或厚煤层分层开采)时,若下层煤开采的影响超过上层煤开采时已经移动的覆岩,则地表受下层煤开采的重复采动参数按以下方法计算。

(1) 下沉系数

① 方法一:对于不同岩性的覆岩,各次重复采动条件下的下沉活化系数。利用表 7-15 中系数计算的 q 值在非厚含水层条件下应小于 1.1。利用表 7-16 中数据,分别按式(7-53)和式(7-54)计算一次和二次重复采动下沉系数:

$$q_{复1} = (1+a)q_{初} \tag{7-53}$$

$$q_{复2} = (1+a)q_{复1} \tag{7-54}$$

式中　a——表 7-16 中所列的下沉活化系数;

　　　$q_{初}$——初次采动下沉系数;

　　　$q_{复1}, q_{复2}$—— 一次重复采动、二次重复采动下沉系数。

② 方法二:采用式(7-55)计算重复采动下沉系数:

$$\left. \begin{aligned} &q_{复} = 1 - \frac{(H_2^2 - H_1^2)(1-q_{初})M_2}{H_1 H_2} - k\frac{(1-q_{初})M_1}{M_2} \\ &k = -0.245\,3\exp\left\{0.005\,02\frac{H_1}{H_2}\right\}\left(31 < \frac{H_1}{M_1} \leqslant 250.4\right)\quad(中硬覆岩) \\ &k = -27.580\,7 + 0.629\,4\frac{H_1}{M_1}\quad(厚含水冲积层地区,如淮北) \end{aligned} \right\} \tag{7-55}$$

式中　H_1, H_2——第一层煤和第二层煤与基岩面的距离,m;

　　　M_1, M_2——第一、二层煤的采厚,m;

　　　$q_{初}$——第一层煤开采时的下沉系数;

　　　k——系数。

(2) 水平移动系数

重复采动条件下,水平移动系数与初次采动相同,即

$$b_{复} = b_{初}$$

(3) 主要影响范围角正切

重复采动时 $\tan\beta$ 较初次采动增加 0.3～0.8。

对于中硬岩层可按式(7-56)计算：

$$\tan\beta_{复} = \tan\beta_{初} + 0.062\,36\ln H - 0.017 \tag{7-56}$$

式中　$\tan\beta_{初}$——初次采动时主要影响范围角正切；

　　　$\tan\beta_{复}$——重复采动时主要影响范围角正切；

　　　H——第二层煤的采深，m。

（4）拐点偏移距

重复采动时拐点偏移距与上、下工作面的相对位置有关。当上、下工作面对齐时，一般认为重复采动时的拐点偏移距小于初次采动时的拐点偏移距。

对于中硬覆岩，当上、下工作面对齐时，可采用式(7-57)计算重复采动时的拐点偏移距：

$$S_{复} = S_{初}\,f\left(\frac{H}{M}\right) \tag{5-57}$$

$$f\left(\frac{H}{M}\right) = 0.426\,3 + 9.36\times10^{-4}\frac{H}{M} \quad （在上山侧）$$

$$f\left(\frac{H}{M}\right) = 0.464\,4\ln\frac{H}{M} - 0.81 \quad （在走向侧）$$

式中　$S_{复}$——重复采动时的拐点偏移距，m；

　　　$S_{初}$——初次采动时的拐点偏移距，m；

　　　$f(H/M)$——系数函数；

　　　H——第二层煤的采深，m；

　　　M——第二层煤的采厚，m。

也可采用式(7-58)和式(7-59)直接计算上山侧和走向侧重复采动时的拐点偏移距：

$$S_1 = 1.13 - 0.156\,2\frac{H}{M} \quad \left(30 \leqslant \frac{H}{M} \leqslant 160\right)（在上山侧） \tag{7-58}$$

$$S_{2,4} = 95.38 - 27.676\ln\frac{H}{M} \quad \left(30 \leqslant \frac{H}{M} \leqslant 169\right)（在走向侧） \tag{7-59}$$

表 7-16　按覆岩性质区分的重复采动下沉活化系数

岩性	一次重复采动	二次重复采动	三次重复采动	四次及四次以上重复采动
坚硬	0.15	0.20	0.10	0
中硬	0.20	0.10	0.05	0

7.4.3　基于 DEM 预计沉陷区水资源增量的提取

采用以上模型、参数及各矿井开采计划，对四对矿井开采沉陷进行了动态预计，获取了下沉等值线，再利用 ArcGIS 软件，采用不规则三角网（TIN）生成算法，构建基于 TIN 的四对矿井的沉陷预计 DEM 模型，将 TIN 转为基于栅格的 DEM 模型后，由 ArcGIS 3D 分析模型块中的体积计算工具，获取四对矿井的沉陷水域水资源量发展规律。下文以朱集东矿的预计水资源增量提取流程为例进行演示。

（1）TIN 的生成

由预计下沉量等值线转为基于线单元的 DEM 模型。在 ArcGIS 中,根据研究区区域设置地理坐标系,加载预计下沉等值线的 CAD 格式数据,并将数据导出为 Shapefile 格式文件,朱集东矿沉陷预计下沉等值线如图 7-2 所示。在转化为朱集 line.Shp 文件的属性表中,添加"下沉值"字段,数值类型为浮点型,如图 7-3 所示,并将下沉值输入下沉线的"下沉值"属性中。

图 7-2　预计沉陷等值线转为 Shpaefile 文件　　　　图 7-3　增加"下沉值"属性字段

在 ArcGIS 3D 分析工具中的 TIN 数据管理中构建 TIN,先创建 TIN 工具,再创建 TIN。对朱集东矿沉陷预计创建 TIN 参数设计。如图 7-4 所示,在对话框中,选择输出 TIN 文件位置与名称,构建 TIN 的等值线文件名称,选择"下沉值"字段为高程字段。生成的 TIN 如图 7-5 所示,在该图中可以看出,下沉值的变化与下沉等值线的变化相同。

图 7-4　创建 TIN 界面

（2）TIN 转为基于栅格的 DEM

为便于计算和预计沉陷水域水资源量,需将 TIN 转为栅格 DEM。利用 ArcGIS 3D 分

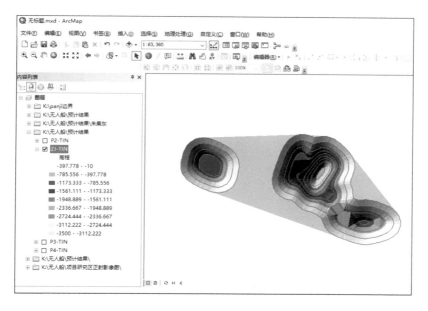

图 7-5　朱集东矿 TIN 图

析中的转换工具的 TIN to Raster 工具，将其转为 Raster。将朱集东矿预计沉陷 TIN 转为栅格 DEM 的参数设置如图 7-6 所示，转换结果如图 7-7 所示。

图 7-6　TIN 转为栅格界面

（3）水资源量的计算

利用基于栅格的 DEM 模型计算沉陷区域新增水资源量。利用 ArcGIS 3D 中的表面功能计算工具，选择表面与体积工具，计算水资源量。利用朱集东矿预计沉陷 DEM 计算水资源量的参数设置界面如图 7-8 所示。

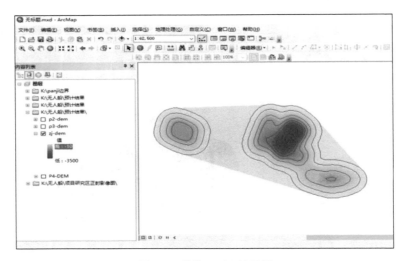

图 7-7　栅格 DEM 显示图

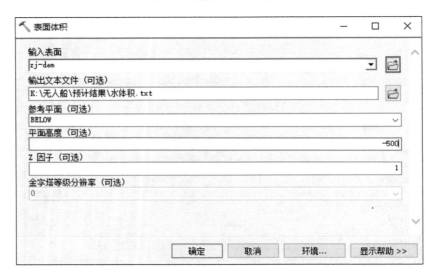

图 7-8　水资源量计算界面

研究区 4 对矿井预计沉陷新增水资源量的结果如表 7-17 所示，由该表可以看出，潘三矿区预计沉陷水资源增量最大，达到 1 771 140 m³，潘二矿（潘四东井）预计沉陷水资源增量最小，为 124 605 m³。

表 7-17　矿区预计沉陷新增水资源量

矿　　区	新增水资源量/m³
朱集东矿	1 520 224
潘二矿	1 194 062
潘三矿	1 771 140

表 7-17（续）

矿　区	新增水资源量/m^3
潘二矿（潘四东井）	124 605
合计	4 610 031

研究区未来 5 年预计沉陷水资源量的分布如图 7-9 所示。

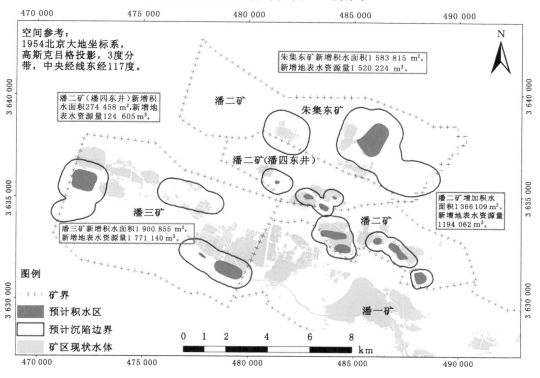

图 7-9　研究区未来 5 年预计沉陷水资源量的分布

7.4.4　预计结果分析

依据相关参考文献（陆垂裕等的《淮南采煤沉陷区积水过程地下水作用机制》，孙鹏飞等的《两淮采煤沉陷积水区水体水化学特征及影响因素》），并结合淮南采煤沉陷区积水实际调查情况，本书进行沉陷水资源量预测时，取下沉量 1.5 m 作为积水界限，认为当沉陷值大于 1.5 m 后地表开始积水，利用预计参数对潘二矿、潘三矿、潘二矿（潘四东井）、朱集东矿未来 5 年的开采工作面进行预计，得到各矿未来 5 年地表沉陷数据并绘制成图，以此为依据对各矿未来 5 年沉陷水域水资源情况进行分析。

未来 5 年，潘二矿井预计沉陷范围分布如图 7-10 所示，预计新增沉陷范围与沉陷水体面积如表 7-18 所示。其中，沉陷的极值为 4 000 mm，新增沉陷面积 6 188 643 m^2，增加积水面积 1 366 109 m^2，增加地表水资源量 1 194 062 m^3。

图7-10 潘二矿未来5年沉陷预计结果（单位：mm）

未来 5 年,潘三矿井预计沉陷范围分布如图 7-11 所示,预计沉陷新增沉陷范围与沉陷水体面积如表 7-18 所示,沉陷的极值为 4 500 mm,新增沉陷面积 14 071 258 m²,增加积水面积 1 900 854 m²,增加地表水资源量 1 771 140 m³。

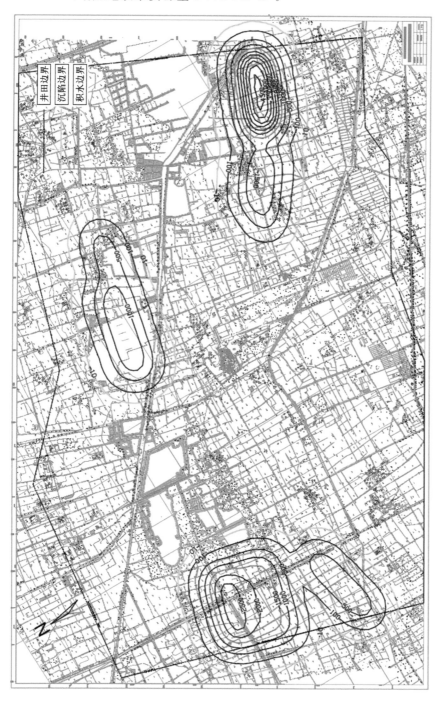

图7-11 潘三矿未来5年沉陷预计结果(单位:mm)

未来 5 年,潘二矿(潘四东井)预计沉陷范围分布如图 7-12 所示,预计沉陷新增沉陷范围与沉陷水体面积如表 7-18 所示,沉陷的极值为 3 000 mm,新增沉陷面积 3 251 285 m²,增加积水面积 274 458 m²,增加地表水资源量 124 604 m³。

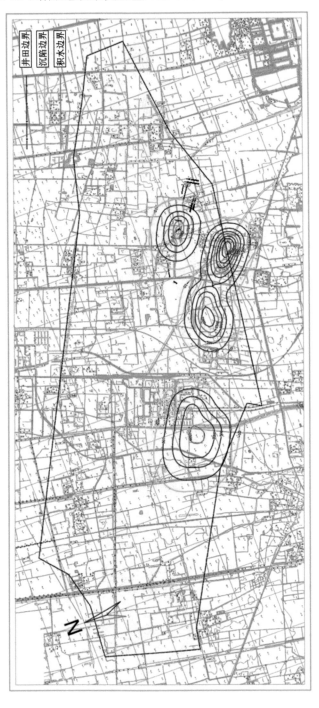

图7-12 潘二矿(潘四东井)未来5年沉陷预计结果(单位:mm)

未来 5 年，朱集东矿预计沉陷范围分布如图 7-13 所示，预计沉陷新增沉陷范围与沉陷水体面积如表 7-18 所示，沉陷的极值为 3 500 mm，新增沉陷面积 15 499 762 m^2，增加积水面积 1 583 814 m^2，增加地表水资源量 1 520 223 m^3。

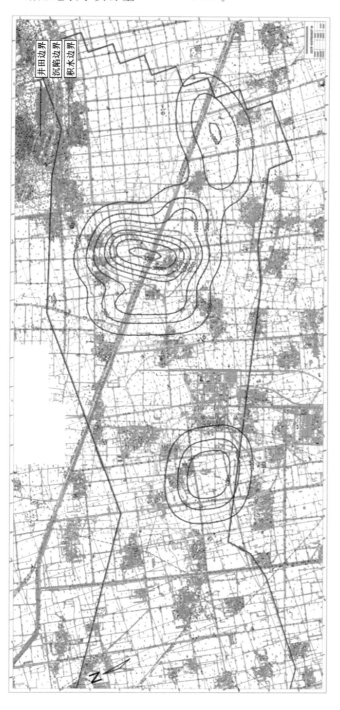

图7-13 朱集东矿未来5年沉陷预计结果（单位:mm）

矿　　区	沉陷极值/mm	沉陷面积/m²	积水面积/m²	新增积水资源量/m³
朱集东矿	3 500	15 499 762	1 583 814	1 520 223
潘二矿	4 000	6 188 643	1 366 109	1 194 062
潘三矿	4 500	14 071 258	1 900 854	1 771 140
潘二矿（潘四东井）	3 000	3 251 285	274 458	124 604
合计	—	39 010 948	5 125 235	4 610 029

7.5　本章小结

（1）收集并整理了研究区各矿井已有地表移动观测站资料。

（2）在对实测数据进行分析后，获取了潘集矿区预计参数（下沉系数 q、主要影响角正切值 $\tan\theta$、水平移动系数 b、开采影响传播角 θ_0、拐点偏移距 s/H）以及角量参数（基岩与松散层边界角、移动角），为矿井未来 5 年内的沉陷变形预计，以及矿区内沉陷区及沉陷水域动态变化规律分析提供了重要基础。

（3）采用概率积分法对研究区四对矿井未来 5 年沉陷演变发展趋势、沉陷水域发展趋势、新增水资源量进行了预测，未来 5 年研究区新增沉陷面积 38 010 948 m²（约 39.01 km²）、新增沉陷积水面积 5 125 235 m²（约 5.1 km²）、新增积水资源量 4 610 029 m³（约为 0.046 亿 m³）。

第 8 章　基于 GIS 技术的水资源监测与评价信息系统设计与开发

8.1　系统研发背景

以 GIS 二次开发技术为基础，结合空间数据库技术、水体信息遥感提取与水质监测等方法，实现沉陷水域分布专题信息分析等功能；以 Geodatabase 数据模型为基础，结合 GIS 空间数据库设计方法，构建沉陷区水体信息数据库，组织与存储沉陷区基础空间信息数据、水体分布专题数据、沉陷区水体水生态环境监测数据等矢量数据，以及多时相多尺度多源遥感数据。

8.2　系　统　设　计

8.2.1　概念设计

概念设计主要包括沉陷区水体水资源监测与评价以及基于 Geodatabase 的空间数据库两方面内容，具体可分为系统管理、数据库管理、水体分布与动态监测、水体质量监测、水体质量评价模块等 5 个模块，系统主要功能模块如图 8-1 所示。

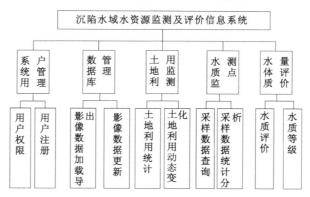

图 8-1　沉陷区水体水资源监测与评价系统功能结构图

8.2.2　物理设计

1. 基于 Geodatabase 空间数据库设计

项目中的数据主要包括多种基础地理矢量数据，沉陷水域范围、水质等相关的矢量与调查数据，以无人机摄影测量、陆地卫星 8 号搭载的陆地成像仪影像等多光谱数据为主的遥感影像数据,以及实地测量调查数据、文档表格等多源数据。根据研究中多源、多类型数据的特征,以 Geodatabase 数据模型为基础,利用 ArcGIS 平台建立空间数据库管理相关数据。其结构图如图 8-2 所示。

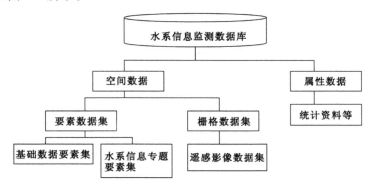

图 8-2　沉陷区水体水资源监测与评价系统空间数据库结构图

在基础数据要素集、沉陷区水域范围、水质元素含量、水环境评价等级等矢量数据中,Geodatabase 数据模型以层为单位来组织数据,通过数据表存储和管理数据,对数据库中的每个属性类在层表中进行记录。数据库中建立的数据表如表 8-1 所示,水质监测点信息数据表结构如表 8-2 所示。

表 8-1　数据表与主要内容

数据表名称	数据表内容	数据类型
用户信息数据表	用户信息,包括用户名、密码等	属性数据
基础地理信息数据表	矿区边界、居民点分布等	矢量数据
水质监测信息数据表	水中的总氮、总磷、氨氮、水温、pH 等	属性数据
水环境模型信息数据表	水环境模型参数描述	属性数据
统计分析数据表	监测数据统计分析等数据	属性数据

表 8-2　水质监测点信息数据表结构

名　称	数据类型	长度	是否可为空	是否为主键
ID	长整型	6	否	是
采样点	文本	30	是	否
采样时刻	短整型	5	否	否
pH	短整型	5	否	否
EC	浮点型	10	否	否
DO	浮点型	10	否	否
透明度/cm	浮点型	10	否	否
水温/℃	浮点型	10	否	否
COD/(mg/L)	浮点型	10	否	否
TP/(mg/L)	浮点型	10	否	否

表 8-2(续)

名　　称	数据类型	长度	是否可为空	是否为主键
TN/(mg/L)	浮点型	10	否	否
Chla/(mg/m³)	浮点型	10	否	否
采样点样品描述	文本	30	是	否
水质等级(综合水质指数评价法)	文本	2	是	否
水质等级(内梅罗综合污染指数法)	文本	2	是	否

应进行相同空间分辨率遥感数据的存储。用于动态监测的长时间遥感数据具有相同的空间分辨率,在数据库组织时会分别将不同时相的陆地卫星 8 号陆地成像仪多光谱等遥感影像数据独立存储,它们之间可通过影像的 ID 建立关联。在关系上分为两层,即父层与子层;首先建立起父层数据表,然后建立起相应的子层元数据表。

物理设计主要将矢量数据在 Geodatabase 中以要素类的方式进行存储,即根据逻辑设计阶段中每个逻辑层含有的点、线、面要素类,根据点、线、面要素对矢量数据进行存储。

采用数据压缩提高应用程序的显示性能,对遥感数据进行数据压缩,建立起影像金字塔。影像金字塔以原始图像为基础通过重采样生成不同比例尺的各层影像数据,并且各层均以相同大小的多个切片文件进行保存。

2. 水质水环境数学模型

水质水环境数学模型主要包括水质评价模型,采用的评价方法与数学模型参见水环境监测与评价部分。

8.3　软　件　实　现

8.3.1　开发环境

本系统采用 ArcGIS Engine 做二次开发,以 Microsoft VS 2010 软件为开发平台,选择 VB 为开发语言。研制本系统的软件配置主要为 Windows 7 操作系统、程序开发平台 Microsoft Visual Studio 2010、ArcGIS 10.1 等。系统登录界面如图 8-3 所示。

8.3.2　系统界面设计与实现

根据系统设计的功能和目标,系统界面的设计采用面向对象可视化的思想,坚持简单实用、快捷方便、标准化的原则,主要包括登录界面、系统主界面、水体分布与动态监测界面、水质监测与评价界面等。

系统主界面:由系统菜单栏、系统工具栏、系统图层管理窗口、系统地图显示窗口、系统状态栏五部分组成,如图 8-4 所示。其主要功能包括数据管理、图层的控制、沉陷区土地利用、水质监测等系统功能的调用,以及地图的浏览、漫游、放大、缩小、相应基础信息的显示等功能。

数据管理界面:由数据加载与数据管理两个主要功能组成,如图 8-5 所示。数据加载可以将已导入遥感影像数据库中的数据加载至主界面中进行显示操作。在"数据加载"选项卡中,点击相应数据,选择"加载"。数据管理主要拥有外部遥感影像数据的入库、删除,以及数据库中遥感影像数据的导出功能。

图 8-3　系统登录界面

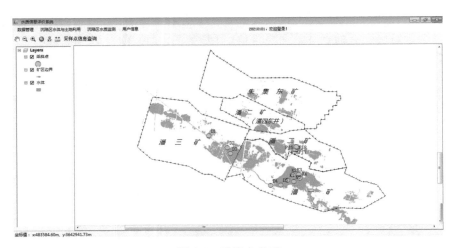

图 8-4　系统主界面

（a）遥感影像数据加载

（b）遥感影像数据管理

图 8-5　遥感数据加载与管理界面

　　水体分布与动态监测界面:功能主要包括沉陷区水体与土地覆盖类型显示与分析,包括水体、植被、其他等类型的显示与统计,通过饼状图、直方图等进行显示,运行界面如图 8-6 所示。

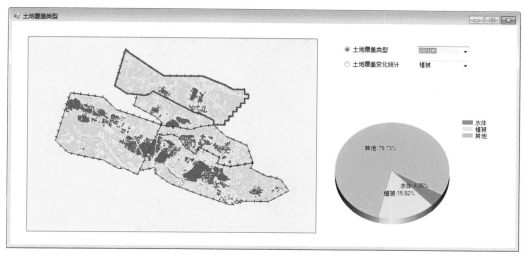

（a）土地覆盖类型统计

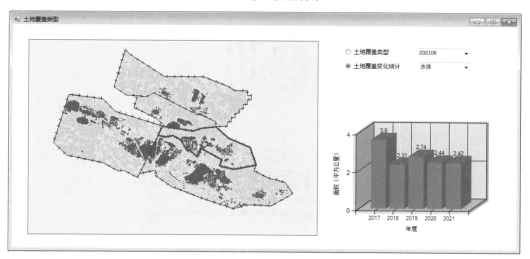

（b）土地覆盖类型变化统计

图 8-6　土地覆盖类型统计与变化统计图界面

　　水质监测与评价界面:功能主要包括水质监测信息的查询与编辑入库等,如图 8-7 所示。水质监测数据输入与编辑界面的设计可以实现对水质监测数据的修改、添加、清除和入库。水质评价可以利用监测数据信息,采用不同的水质评价方法对水质进行评价分析。

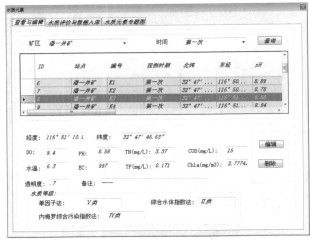

(a) 水质要素监测查询界面

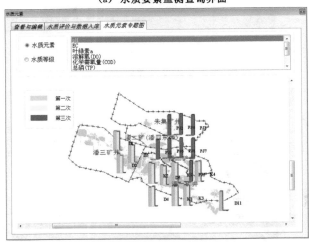

(b) 水质要素专题图

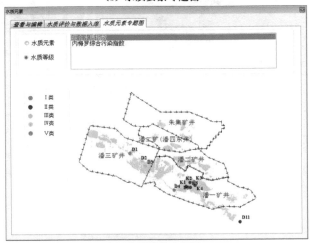

(c) 水质等级专题图

图 8-7　水质元素监测与评价界面

8.4　本 章 小 结

本章采用 ArcGIS Engine 二次开发技术与图形用户界面设计技术设计开发了水资源监测与评价系统,实现了沉陷水域分布专题信息分析、沉陷区水体水质监测、水环境评价、数据的导入与导出、水质评价模块等功能。

参 考 文 献

[1] 巴桑,刘志红,张正健,等.决策树在遥感影像分类中的应用[J].高原山地气象研究,2011,31(2):31-34.

[2] 巴桑,张正健,刘志红,等.基于概率神经网络的遥感影像分类方法[J].高原山地气象研究,2011,31(3):26-29.

[3] 鲍依临.基于高分五号高光谱遥感影像的耕作土壤有机质反演研究[D].哈尔滨:东北农业大学,2021.

[4] 曹雪松.土壤有机质含量高光谱灰色关联局部回归估测模型[D].泰安:山东农业大学,2021.

[5] 陈凤.基于无人机影像空中三角测量的研究[D].抚州:东华理工大学,2012.

[6] 陈凤娇.农用地土壤重金属 Cu、Zn 含量的高光谱反演研究[D].成都:成都理工大学,2020.

[7] 陈俊任,周晓华.无人船测量系统在水下地形测量中的应用[J].测绘技术装备,2020,22(4):65-68.

[8] 陈亮,刘希,张元.结合光谱角的最大似然法遥感影像分类[J].测绘工程,2007,16(3):40-42.

[9] 陈秋计,田柳新,张越.山区开采沉陷预计中地表特性参数提取方法研究[J].煤炭技术,2019,38(3):83-86.

[10] 陈天祎.基于 CIPS 的低空无人机遥感影像处理研究[D].抚州:东华理工大学,2013.

[11] 陈同.基于 GIS 的刘桥矿区沉陷水域污染物空间分布特征研究[D].淮南:安徽理工大学,2014.

[12] 陈兴杰.基于 GF-1 号卫星影像的监督分类方法比较[J].矿山测量,2017,45(3):17-19.

[13] 陈志超,蒋贵印,张正,等.基于无人机高光谱遥感的春玉米氮营养指数反演[J].河南理工大学学报(自然科学版),2022,41(3):81-89.

[14] 崔希民,邓喀中.煤矿开采沉陷预计理论与方法研究评述[J].煤炭科学技术,2017,45(1):160-169.

[15] 丁铭,李旭文,姜晟,等.基于无人机高光谱遥感在太湖蓝藻水华监测中的一次应用[J].环境监测管理与技术,2022,34(1):49-51.

[16] 樊彦丽.基于多特征的 SVM 高分辨率遥感影像分类研究[D].北京:中国地质大学(北京),2018.

[17] 冯帅.基于无人机高光谱遥感的粳稻冠层氮素含量反演方法研究[D].沈阳:沈阳农业大学,2019.

[18] 付洪波,曹景庆.复杂水域条件下单波束无人船地形测量应用[J].测绘与空间地理信

息,2021,44(增刊):219-221.

[19] 付泉.基于高光谱遥感的土壤重金属污染调查及其空间分布研究:以西安市主城区为例[D].西安:长安大学,2020.

[20] 葛沐锋,王晓辉,耿宜佳.淮南矿区沉陷地生态治理研究[J].安徽农业科学,2015,43(4):271-274.

[21] 顾叶,宋振柏,张胜伟.基于概率积分法的开采沉陷预计研究[J].山东理工大学学报(自然科学版),2011,25(1):33-36.

[22] 郭芳芳,邓国志.采煤沉陷对潘谢矿区区域水环境的影响分析[J].能源环境保护,2017,31(3):46-49.

[23] 郭世敏.基于无人机航摄影像的大比例尺测图及三维建模研究[D].昆明:昆明理工大学,2017.

[24] 胡景辉.基于无人机成像高光谱遥感数据的水稻估产方法研究[D].杭州:浙江大学,2020.

[25] 黄灿.无人机高光谱遥感框架下的地表水水质定量监测与分析[D].武汉:湖北大学,2020.

[26] 康拥朝.基于高光谱遥感地表微斑块的识别与分类研究[D].呼和浩特:内蒙古农业大学,2020.

[27] 李兵,陈晨,安世凯,等.淮南潘谢采煤沉陷区水生态环境评价与功能区划[J].中国煤炭地质,2020,32(3):15-20.

[28] 李兵,张传才,陈永春.基于智能无人船技术与GIS的采煤沉陷区水下地形构建方法研究[J].中国煤炭,2020,46(1):28-35.

[29] 李健.国产高分遥感影像分类方法综合对比研究[D].长沙:长沙理工大学,2017.

[30] 李丽娟.基于无人机航空摄影测量的4D产品制作[J].测绘技术装备,2021,23(4):77-80.

[31] 李秋筠,王美香,张乐乐.农垦总局建三江管理分局生态现状调查分析[J].黑龙江环境通报,2016,40(1):94-98.

[32] 李幸丽,高均海.基于GIS的采煤沉陷区景观格局动态变化研究[J].矿山测量,2009(4):57-59.

[33] 刘海艳.基于深度学习的高光谱遥感影像分类方法[D].南京:南京邮电大学,2021.

[34] 刘佳俊.高光谱遥感图像半监督分类算法的研究[D].哈尔滨:哈尔滨工程大学,2020.

[35] 刘锦,孙青言,柳炳俊,等.采煤沉陷水域水环境研究主要方法评述与趋势分析[J].中国水能及电气化,2013(8):58-62.[36] 刘明昊.无人机技术在矿山复垦中的应用[D].桂林:桂林理工大学,2018.

[37] 刘淑慧.无人机正射影像图的制作[D].抚州:东华理工大学,2013.

[38] 刘曙光.煤矿沉陷水域重金属含量高光谱反演方法研究[D].淮南:安徽理工大学,2018.

[39] 刘伟韬,刘欢,陈志兴,等.地表沉陷预计参数精度分析[J].测绘科学,2016,41(8):33-37.

[40] 刘响响.淮南不同类型采煤沉陷区水体中氮磷元素的分布特征[D].合肥:安徽大

学,2015.

[41] 刘永华.辽东湾近海双壳贝类主要生物和重金属污染现状调查及生态风险评价[D].哈尔滨:东北农业大学,2020.

[42] 鲁叶江,李树志.近郊采煤沉陷积水区人工湿地构建技术:以唐山南湖湿地建设为例[J].金属矿山,2015(4):56-60.

[43] 马岩川.基于高光谱遥感的棉花冠层水氮参数估算[D].北京:中国农业科学院,2020.

[44] 裴华君.江西生态园现状调查与分析研究[D].南昌:江西农业大学,2012.

[45] 普东东,欧阳永忠,马晓宇.无人船监测与测量技术进展[J].海洋测绘,2021,41(1):8-12.

[46] 亓晨.无人机光束法空三平差研究与实现[D].北京:北京建筑大学,2014.

[47] 秦亮亮.无人船在水下地形测量中的应用[J].科技创新与应用,2021,11(15):169-171.

[48] 任梦溪,郑刘根,程桦,等.淮北临涣采煤沉陷区水域水体污染源解析[J].中国科学技术大学学报,2016,46(8):680-688.

[49] 阮华萱.小型无人机航空摄影测量在露天矿山动态监测测量中的应用[J].世界有色金属,2020(24):231-232.

[50] 沈震,徐良骥,刘哲,等.基于 Matlab 的概率积分法开采沉陷预计参数解算[J].金属矿山,2015(9):170-174.

[51] 石晨辰.低空摄影测量系统关键技术研究分析[D].西安:长安大学,2018.

[52] 术洪磊,毛赞猷.GIS 辅助下的基于知识的遥感影像分类方法研究:以土地覆盖/土地利用类型为例[J].测绘学报,1997,26(4):328-336.

[53] 陶惠林.基于无人机数码和成像高光谱遥感影像的冬小麦长势监测及产量估算研究[D].淮南:安徽理工大学,2020.

[54] 陶培峰.基于航空高光谱遥感的黑土养分含量反演研究[D].北京:中国地质大学(北京),2020.

[55] 田振凯,勾昆,王刚,等.基于无人船技术的水下探测应用研究[J].测绘与空间地理信息,2021,44(增刊):275-276.

[56] 汪思梦.无人机航测数据处理与发布展示系统研究[D].昆明:昆明理工大学,2016.

[57] 王利勇.无人机低空遥感数字影像自动拼接与快速定位技术研究[D].郑州:解放军信息工程大学,2011.

[58] 王明达,徐良骥,叶伟,等.煤矿沉陷水域水体深度多源数据融合反演[J].遥感信息,2022,37(1):88-93.

[59] 王婷婷,易齐涛,胡友彪,等.两淮采煤沉陷区水域水体富营养化及氮、磷限制模拟实验[J].湖泊科学,2013,25(6):916-926.

[60] 魏子寅.基于无人机正射影像进行土地利用/土地覆盖分析[D].呼和浩特:内蒙古师范大学,2013.

[61] 吴跟阳.无人机低空摄影大比例尺地形图裸眼测绘[D].青岛:山东科技大学,2019.

[62] 吴建宇.封闭式采煤沉陷积水区水环境特征及水质评价研究[D].淮南:安徽理工大学,2018.

[63] 徐霞,陶钧,潘莹,等.京杭大运河徐州段水生生态现状调查研究[J].资源节约与环保,2021(2):17-19.

[64] 杨栋淏,李亚强,刀剑,等.基于无人机多光谱与地面高光谱遥感的土壤主要养分含量估测[J].江苏农业科学,2022,50(2):178-186.

[65] 杨楠楠.矿区土壤重金属污染评价与高光谱遥感反演模型研究[D].邯郸:河北工程大学,2021.

[66] 杨思旋.无人机航空摄影测量技术在矿山测量中的应用[J].有色金属设计,2022,49(1):70-71.

[67] 叶伟,徐良骥,张坤,等.基于无人船与GIS的沉陷水域水资源监测研究[J].煤炭科学技术,2020,48(9):227-235.

[68] 叶圆圆.基于RS淮南采煤沉陷水域水质实时监测技术研究[D].淮南:安徽理工大学,2014.

[69] 易齐涛,孙鹏飞,谢凯,等.区域水化学条件对淮南采煤沉陷区水域沉积物磷吸附特征的影响研究[J].环境科学,2013,34(10):3894-3903.

[70] 于凤月.无人机摄影测量系统应用于大比例尺DEM、DOM试验分析[D].昆明:昆明理工大学,2017.

[71] 于庆泓,呼瑞阳,朱瑞晗,等.高光谱遥感在生态环境监测上的应用[J].科技创新与应用,2022,12(8):144-145.

[72] 张兵.开采沉陷动态预计模型构建与算法实现[D].北京:中国矿业大学(北京),2017.

[73] 张官进,闫威,江克贵.基于变权PB组合预计模型的开采沉陷预计参数反演方法[J].采矿与岩层控制工程学报,2021,3(1):87-95.

[74] 张海龙,蒋建军,解修平,等.基于改进的BP神经网络模型的遥感影像分类法[J].农机化研究,2006,28(10):55-57.

[75] 张静,张翔,田龙,等.西北旱区遥感影像分类的支持向量机法[J].测绘科学,2017,42(1):49-52.

[76] 张维翔,姜春露,郑刘根,等.淮南采煤沉陷区积水中氮、磷分布特征及变化趋势[J].环境工程,2019,37(9):62-67.

[77] 张维翔.淮南高潜水位采煤沉陷区水质特征及变化趋势[D].合肥:安徽大学,2019.

[78] 张毅胜.水下地形测量中无人船的应用与数据处理研究[J].工程技术研究,2020,5(21):243-244.

[79] 张志勇,樊泽华,张娟娟,等.小麦籽粒蛋白质含量高光谱遥感预测模型比较[J].河南农业大学学报,2022,56(2):188-198.

[80] 郑吉.湿地公园建设项目生态现状调查与评价中生态学方法的应用研究[J].资源节约与环保,2015(11):157-158.[81] 郑强华.低空无人机空中三角测量精度分析[D].抚州:东华理工大学,2015.